# Hermes
## the origin of messages and media

# 網路紅事件

## The Most Exciting Events on Web

### Mr.6 的2009年度報告

最紅的人‧想法‧做法‧東西‧話題

劉威麟 著

目錄

# Part2 最紅的想法 Ideas

# Part3 最紅的做法 Strategies

# Part4 最紅的東西 Wonders

更多的紅東西 more Wonders....

Jagango、Glogster、SquidNote、TinFinger、WereYouThere、PlaceShout、EntreCard、

Skribi、Zemanta、Pipes Badge……

# Part5 最紅的話題 Topics

「集頭內爆法」（Head Aggregation + Implosion） 《海角七號》網路行銷成功分析

Yooler開始量產「美女大爆笑」 陳昭榮的迪士尼策略

Everywhere 8020出版第2本網友集結的紙本雜誌

報社「精簡」動作中的「增加」「社區」、「教育」、「社會」、「體育」是重點

提供全世界所有公司的薪水資料 Glassdoor

Voice of the Summer Game 2008北京奧運＋2008互聯網

TC50 vs. DEMO 網路創業盛會同步擂台

「露出後遺症」 發生在所有部落客身上

「世界末日」和「Every Little Thing」 瑞士的大型強子對撞器啟動

政大未來事件交易所登上《Newsweek》 Swarchy

NowPublic併購Truemors 網路謠言與公民媒體

Mixx流量爆三倍 如何擴獲輕度使用者的3個奇招

用Twitter報喪禮 新爭議

因為有這樣的博客 所以我不想被稱為博客

Crowd Fusion成立 部落格行銷再次向技術靠攏？


更多的紅話題 more Topics....

Meeya、Genietown、Instant Domain Search、CaraQ AniPoke、minifeed、Mybloglog、

CancerSupportNet……

# 驚轉春起定
# 熱沸等轉春

## 2008年全球網路回顧，
## 2009年十大關鍵趨勢，以及代表字

　　日本媒體喜歡用一個漢字為年度總結，如果我們也用一個字，來總結網路2008年的一切，最適合的字應該是？

　　我認為，是「等」。

　　等什麼？

　　年初，我們「等」著下一間網路公司被某大公司買掉。近年來「併購」已成網路公司投資人所認可的最佳售出方式，幾乎自成「黑市」，不再像泡沫時代必須以上市來求得股東回饋。

　　年中，我們發現這一年的併購案已確定不如2007年興旺，於是，大家專而「等」著新的獲利模式出現，希望讓自己的網路公司達到單月損益平衡，我們可以看到許多大網站開始隨處置放廣告，大膽酌收會員費。

　　到了年尾，大家還在「等」上述兩樣事情，卻發生了全球金融與連動債風暴，網站的產業鏈雖然自成一格，貼近民生，最後才被颱風尾掃到，但投資人端也資金緊縮，網路公司開始裁員，力過寒冬。

　　這是一個「等」的一年，但網路界不會「等」太久。2008年已經「等」了三趟，以我們對網路的了解，2009年的網路不會再繼續「等」了。

### 2000年～2007年的一字總結

　　一路看下來，網路簡直就是一個「戰鬥力」非常旺盛的產業。應該說，許多人只看大多數的失敗例子，但少數人，卻看到那些少數的成功案例，的確，Amazon年入140億美元（台幣

4300億），Google年入170億美元，eBay年入也在70億美元左右，Monster亦年入13億美元；就連Facebook雖然幾年下來即達1億會員、90%的學生使用率，有人說他們不賺錢？但他們胡里胡塗的也將在今年賺到3億美元（台幣100億）左右，算是小而美。注意，這些公司原本不應該存在的，這世界原本也沒有這些創辦人的空間。而在短短十餘年內，卻在驚濤駭浪中，造就這麼多新的產業。

有人說，網路創業家是「天生勞碌命」。而這段時間的歷練，讓他們更像千錘不倒的戰士。

若我們同樣的以一個字來看每年的網路界，我們可以看到，西元2000年，網路造就的「本夢比」破滅，股市狂瀉，信心崩潰，最佳的一個字就是「驚」。

2001年，原本熱情的網路人，竟然沒有就此停住。以台灣來說，大批的台灣網路人直接移居大陸開始「第二春」，有些台灣網路人轉向電信產業，開發行動市場，有些則轉向連線遊戲軟體的產業，最佳的字是「轉」。

2002年，大家轉定了，在新產業又重新開始，讓創意盈滿了這些產業，許多東西又開始悄悄的萌芽，以一字形容我們可稱為「春」。

2003年，大部份後來爆紅的新網站，都是在這一年或這一年過後不到幾個月創立，並瞬間享有了一些人氣，為他們帶來基本的信心，這一年我們可稱為「起」。

2004年，Tim O'Reilly在會議中宣布「Web 2.0」時代來臨，這個「二代網路」新字彙，石破天驚的為整個網路產業下了一個定語，若一字形容我們可稱之為「定」。

2005年，有些網站已經產生比十年前還大的成就，包括會員數、使用時間、大學生穿透度等等，這個時候網路謹慎的回到一個熱門產業的姿態，我們稱之為「熱」。

2006年，熱中還要更熱，Google的營收不斷翻倍，在這一年中已經超過了台積電的營收。在2006年底，Google以16.5億美元買下了YouTube，更是為這波網路掀起最高潮，美國網路界另外三天王Yahoo!、微軟、AOL也開始四處買網站，天天都有併購新聞，所有的網站再次求取被大廠併購的可能性，這一年稱之為「沸」。

2007年，熱潮繼續，網路產業已知道有幾個主題特別紅，所有創業家拚命攻社群、影片、創新廣告、行動裝置這幾塊，這一年最佳字彙為「搶」。

## 2009年將產生「沉默革命」

驚、轉、春、起、定、熱、沸。短短七年的時間，網路再次暴起。

至於，2009年的展望？

這是網路產業第二次碰上不景氣，第一次是罪魁禍首，讓網路界成為眾矢之的。而這一

次，網路雖然是無辜的受害者，然而，關公司、裁員總不是光彩的事！因此，這些創業家以低分貝的姿態，帶著同樣的信心，默默的重新開始。

有一批人甚至認為，金融風暴下，網路界有希望成為救世主來改變世界運作的順序。

那，今年、明年的「代表字」會是？

在講出2009年、2010年的一字之前，我想先來討論一下，我認為，2009年最值得關注的10個關鍵事項：

## 一、陳列式廣告絕處逢生

陳列式廣告（display ad）在今年已經是最低點，也是目前讓美國Yahoo!普遍不被看好的主要原因，任何想要讓陳列式廣告更精準的分眾的嘗試，譬如NebuAd在2008年於美國國會山莊鎩羽，今年會讓陳列式廣告更蒙上一層灰。但由於陳列式廣告已成穩定產業，有上下游的關係，裡面有許多廠商；以今年台灣的金手指獎為例，沉寂了幾年後，廠商又推出了好幾則驚人的陳列式廣告，包括可以和手機互動的，還有大量的高畫質影片與故事，製作成本之高、Ad Campaign動用的資源之廣令人咋舌，因此我們可以看到，在中小型廣告主漸往其它廣告模式靠攏後，或許各線上製作人會願投注更多時間與精力在大廣告主身上，產生更新的創意，2009年將會出現一些令人驚喜、超有效果的陳列式廣告。

## 二、企業在網路上尋求新型工具

IAB曾在2008年四月做出一個預測，到了2009年，網路廣告將會收到比電視還多的廣告預算，當然這件事因為2008年底景氣關係有了一些變化，但2009年我們依然會看到企業對網路寄與一些厚望，這時候不作廣告投放的原因並不是因為不相信網路，而是期許網路提出更好的量測方式（metrics），因為在網路上，可分心的狀況很多，與電視不同，但相對可以做的事情也多、甚至直接買下等等。企業需要新型的工具，以「軟體服務化」（SaaS）的方式採購使用，現有的企業應用軟體大廠會繼續的「借來」網路上已成功的方式，將這些工具含入本身的方案之中，而小創業家也將集結成平台，讓企業統一採購。

## 三、YouTube正式幹掉電視

網路影片已成了許多年輕人之間最夯的休閒活動，有些短片已是非看不可，不看就落伍了。目前YouTube每天上載影片數已經超過15萬大關，愈來愈多的影片在上面傳送著，人們花在看線上影片的總時數已經逼近花在看電視的總時數，YouTube的市佔率更從2006年底的

47%一口氣增加到2008年的超過70%，加上Google Video，他們在線上影音的市佔率已經上看90%。Google在2008年已經力推InVideo，以及許多新的做法，包括在YouTube下方置入「Click to buy」，按下去就可以購買與影片相關的產品，慢慢的我們可發覺，2009年我們將會在Google YouTube的帶領下，發現更多網路影片的新「看」法。

## 四、「網路風評處理」將成顯學

2008年我們見到了Plurk、Twitter等微型部落格風雲，以台灣來說，至少多了5000名「噗友」和5000名的「推友」，大家在上面就像一個超大型的聊天室，閒言耳語很快就傳開來。我們也看到2008年因為三聚氰胺事件，金車集團快速果決的處理，反而讓它在網路上傳出了很正面的形象，這些都讓2008年的網路上開始出現了「網路風評」（online reputation）的處理。在加拿大，目前已經有一間叫做Radion6的公司，專門設計工具來讓所有人知道他們在網路上的形象如何。形象受損，效果不會亞於電腦中毒，因此或許第一個進入此產業的會是防毒軟體大廠，藉搭售的方式將這些「ORM」（online reputation management）工具賣進企業內，我們也會看到企業開始透過這些強大的工具，對網友的每一句「過頭」的網路言論提出反應，甚至對簿公堂，讓網路上瀰漫一種不能隨便說話的氣氛，可能造成2009年幾則最大的爭議。

## 五、搜尋引擎的One-box將竄改網友習慣

根據Comscore報告，2008年8月Google的搜尋量比去年同期還多了38.6%，九月還剛創了新高，但在廣告主願意配合的情況又降低的情況下，Google可能將會開始對自己已經幾乎十年不變的搜尋結果展開一些不一樣的改變。目前的搜尋結果都是一次顯示十筆，最類似的置於最頂，但現在Google將會開始導入更多的One-box東西。它在2008年只有導入「翻譯」的功能，接下來會有更多，甚至在搜尋頁上面直接顯示影片等其他的東西，這會帶來「內容物」的大變革，以前我們做網站，都是以文字為主，被搜尋到前面就會帶來很好的事。現在不見得以文字為主，Google會「兵分多路」顯示結果，所以要顧的東西也變多了。這是2009年必須特別注意的趨勢。

## 六、「廣告聯播網」深入更多小網站

此觀念在美國較多，目前廣告聯播網尚未發展到小站，但接下來發現廣告主希望以更低的成本達到更高的效果，只能走更精準的廣告方式，小站都會開始被廣告聯播網納入版圖，那些廣告聯播網本身也會開始開設網站，讓其他廣告主可以更有地方投資。目前的預兆包括全美

國最大的獨立廣告聯播網Glam Network，目前已達流量前十大，和Yahoo!等大型入口網站平起平坐，且已涵蓋5200萬個月不重複拜訪者，Glam原本專攻女性網友，現在竟多開一個男性頻道「Brash.com」。在景氣不佳中首當其衝的廣告聯播網，已經積極在佈局「小站」，因此，在2009年我們會看到許多有特色、會員非常精準的小站，為了廣告而來。

### 七、Google Phone到底會出現什麼創意

長相沒有iPhone好看的第一代Google Phone，到2009年即將推出更多的選項。它完全開放的API將會讓許多網路人趨之若鶩，幫Gphone帶來更多的創新創意，許多都和地理位置有關係。從前第一代網站在Google Maps敞開後，就拚命的做和地理位置有關係的服務，目前這些服務皆沒有非常成功，在台灣最成功的為地圖日記。但現在不同了，Google Phone上面是直接可以運作、直接使用，因此這些創業家捲土重來，在2009年所造成的力量將不可小覷。

### 八、部落格繼續成長，會紅了哪些人

台灣網路人都說2005年是台灣的部落格元年，一直到現在許多新的部落客繼續湧出，以2008年的中時部落格大賞為例，參賽者又比往年更加踴躍。但部落格已成了大家擺在那邊的留言板兼相簿，且還有大量的人尚未寫部落格，因此各部落格平台將會繼續的做改善，在2008我們已經看到無名小站與PIXNET相繼推出新社群功能，有些是Web 2.0網站如「推推王」的標誌，這樣集大成的新部落格平台，在2009將會是很值得注意的新玩意。

### 九、網路人「再次」轉而求實體獲利

實體網路化在之前被廣為認為必須「開店」，接下來被廣為認為必須維護一個自己的「社群」，這兩塊已經在2008年玩得差不多怠盡，該e化的網站都已經e化，該社群化的服務也都已經建立自己的社群，接下來，我們會看到更多明確的應用，大概會被拆成幾個大塊，尤其是在已經喊了很久的幾塊事情上面可能會有突破的進展，譬如e化社區，在紐約已出現成功案例，打入豪宅市場，和建商談好的這種做法，在亞洲尚未真的見過。

### 十、程式語言更微小化

2008年有更多的廠商推出了自己的程式語言介接界面（API），這些API已經從從前多重認證機制，到了有的只要送出一段URL就可以取得所有該要的資訊，許多在從前視為站內機密的資料也都開放出來，許多原本以內容吃飯的網站如紐約時報也都一一做出API，這些廠商會繼續

想找工程師來寫程式，但數量會有限。更多人是抱著創業理想，卻來自各行各業，我預測我們將看到這些廠商提供更簡單的API，甚至是簡單的教學，讓不懂得寫程式的創業家、創意者，也可在短期內開始使用這個API。

## 2009年幾個要注意的時間點

時間上，請特別留意幾個時間點。其中之一是2009年2月初，俗語說，明知山有虎，偏往虎山行，愈危險的地方就愈需要英雄與新機會。在這個時，紐約將舉辦由O'Reilly主辦的「Money Tech Conference」，專門講金融市場的相關新型科技，這一塊在目前華爾街低迷氣氛中一定會有一些新的東西，有些特殊的金融相關的網路服務或許將在逆勢中出現，值得注意。

另外還有2009年3月底：「Web 2.0 Summit」即將在舊金山舉行，這時候距離全球經濟危機將已有半年左右的時間，又位在矽谷中心舉辦這麼一場會議，對於網路的未來將會是很重要的測試石。尤其目前許多人已認定「Web 2.0」有些網站已經收不回成本、泡沫化了，到了2009年三月這個「Web 2.0 Summit」又將如何重新的詮釋「Web 2.0」？屆時又會有什麼樣的公司與會？

到了2009年6月底：台灣這邊即將再次舉辦「IDEAS SHOW」。2008年資策會舉辦的IDEAS SHOW有三十個團隊參加，2009年即將舉辦第二屆，除了看到新一代的新網路服務之外，也將是對第一屆的團隊檢視一番的好機會。

## 2009年幾個要注意的人

有幾個人的動向值得特別注意，第一位是蘋果總裁Steve Jobs，近年推出iPhone，並於2008年推出iPhone 3G，完全奠定了蘋果在流行3C用品的霸主地位，但他的健康卻屢屢傳出狀況，先前甚至曾有美國媒體不小心外流Steve Jobs的訃聞。他身上的胰臟癌細胞不知道是否能讓他繼續撐下去，儘管慢慢退到募後，相信在2009年他的健康依舊會是美國3C業最注目的焦點，在Google壓陣、其他日韓廠在後等等因素下，2009年或許也會出現意外的產業震盪，值得注意。

另外一位就是剛卸任Yahoo! CEO的楊致遠。他今年可說是在砲火中度過，楊致遠的Yahoo!在今年開始或許出現一些變化，無論出現什麼變化，楊致遠的動向將受注目，他再次回到網路界，抱著一些理想，但礙於大環境與種種主客觀因素沒有達成他的理想，下一步他是否直接自己開設公司，甚至回到亞洲？這點讓人高度期待。此外，北京奧運結束，大陸網路業進入了較嚴的審效期，楊致遠以外包括陳士駿這些成功的華裔網路富豪們的下一個動向，值得在2009

年注意一下。

此外，有「一些人」值得注意，首推「矽谷網路人」，這是一群曾經碰過兩次不景氣的族群，第一次不景氣後，短短八年後再來一次不景氣，只是這一次並非網路之過。這些人在這第二次已經抱著「不怕」的態度，不過顯然也用上最謹慎的態度來處理，我聽說許多網路人已經做好「一年拿不到錢、三年賣不了公司」的打算，也就是一切回到「基本面」，先讓網站自己賺錢再說。這次的金融風暴來得突然，但矽谷網路創業家的應變速度也很快，相信在第二季（四月）之前就會陸續看到這些創業家因應現今局勢所做出的新作品，2009年矽谷網路人要怎麼再憑一箱可樂、一盒比薩再創網路大夢，值得注意。

還有是「西語裔族群」，這部份在美國矽谷曾引起一些討論，因為在2008年期間曾有人研究過，一到網路上，西班牙話竟然不見了！以美國來說，目前有支援西語系的「官網」只有鞋店Zappos、Home Depot與溫蒂漢堡官方網站，其他我們耳熟能詳的麥當勞、肯德基等等都沒有西語系的內容。報導是說，西班牙語在網路上被「邊緣化」（marginalization）了。但全世界共有高達3.22～4億人以西班牙話為母語，僅次於中文，若計入所有以西班牙話為官方語言的國家的人口，應該會超過10億人！其中一批西班牙人口更是在美國境內，上網人口已超過2000萬人，這些人有可能做出新網站，直攻西語市場，目前譬如Tuenti是西班牙的Facebook，採完全封閉制，於2006年二月創立之後目前表現不錯；而2007年底傳出西班牙社群網站Wamba被Skype投資人投資了3百萬歐元，此站也表現不錯。西語的網路一直處於貧瘠狀態，但2009年可能是他們的「網路元年」。

讓讀者進入此書，一探2008年的網路花花世界之前，我們要知道，網路的起起伏伏，就像所有新創科技產品的「生命周期」（Product Life Cycle）。只是網路上的創意很多，可說是「一波未平、一波又起」，而且後浪比前浪還高，層層疊疊的湧上去。用正面的眼睛來看網路，趨勢自然出現。

2009年的一個字，我認為是「轉」。

2010年，想當然爾，是「春」。

八年另一波，網路即將重新再起，這次要不要睜大眼睛，捲起袖子？

我先報名了。

See you there!

# Part
# 1

最紅的人
**People**

# 女人
# 5種最想要的網站

by Mr. 6 on April 9th, 2008,
**目前有 10 則留言,**
6 blog reactions

　　在網路開店拍賣的小創業家,男女比例應該差不多,甚至女性居多,但「網站創業家」呢?目前顯然仍以男性居多。我發現,那少數的幾位女性創業家朋友都是在top的,她們有個優勢──懂男也懂女。

　　對男性創業家來說,女性使用者一直像個「謎」,女性使用者雖佔了上網人口很大一部份,但身邊的女性友人雖然「上網」,卻都是網路的「輕度使用者」。 一個新創網站打著某個鮮明的創新旗幟,要吸引她們並不容易!現在許多PK網站、影片上載網站、相簿網站……想想,許多甚至都「不小心」設計成給男性使用者使用的(你看,海邊山上都是男性或女性提著攝影機拍照,誰會上傳這些影片?)

　　她們用推推王嗎?她們用FriendFeed嗎?用的感覺又是什麼?

　　若不懂女性,則網路只懂了一半。

2008年四月，我好好分析一下Quantcast列出的「美國前100名網站」。與別處不同的是，Quantcast可以告訴你每個網站拜訪者大約的年齡、姓別、教育水平、收入水平的分佈。從這邊的資料，我們可以清楚看到哪些網站是「女性較多」，然後都是「哪一種女性」在使用！假如我家樓下小吃店告訴我，他們女性客戶比男性客戶還多，可能沒什麼了不起，但，假如一種「網站」的女性用戶比男性用戶還多，表示它打中了一個更難打的目標，值得好好研究一下。

拿Quantcast的列表來分析，可發現有五種網站，女性使用者竟然大大的多過於男性使用者。這五種特別受女性青睞的網站，最後三種尤其讓我跌破眼鏡！

第一種，瞎拼網站：Shopping的網站自然是最受女性網友喜愛的了，排名最高的是第19名的Target.com（最近雜誌上也有一篇Target如何打敗Wal-Mart，值得一讀），每月不重複拜訪者的3200萬人之中，女性拜訪者比一般網站還多了20%。OverStock也有類似的現象，而JCPenny更厲害，女性幾乎是男性的兩倍。有趣的是，像ShopZilla這種做「購物比較」（comparison shopping）的，男女就幾乎一樣多了，可見男性不是不購物，而是喜歡「比較」後再打開錢包；而女性雖瘋狂購物，但仍然喜歡逛逛再買，冷冰冰的比價引擎對她們沒這麼大吸引力。不過，女性對於「折價券」（coupons）仍很熱中，瞧瞧Coolsavings.com就知道。

第二種，知識問答網站：「知識問答網站以女性用戶居多」的趨勢，已不是網路的新聞了，排行全美第13名的About.com，一個月有4600萬個不重複拜訪者，女性果然比一般平均值還多了10%左右。而排行全美26名的Ask.com也有相同的現象，有趣的是，仔細看圖表，About.com吸引的主要是25~34歲的中

堅女性使用者，而Ask.com主要吸引的竟是18~24歲的年輕使用者，對照最近Ask.com打算轉戰「已婚女性市場」的消息，似乎有點牛頭不對馬嘴？

　　第三種，黃頁白頁網站：這點就是莫名其妙了！YellowPages是給人查商家的住址與電話的，每個人都會去查，不是嗎？錯！我想連站方自己也沒想到，在YellowPages.com、WhitePages.com，女性拜訪者竟比男性多了44%左右。有趣的是，YellowPages的拜訪者中傾向比較多的黑人與西語裔人口，教育水平與收入都偏低，但WhitePages主要卻都是白人，且收入與水平偏高，可見無論怎樣的女性上網人口，都對這種黃頁白頁有興趣！她們在黃頁白頁上查什麼東西？何時要查？創業家或許可以研究一下。

　　第四種，醫療DIY網站：WebMD與nih.gov都有大量的女性拜訪者，這點也令我變訝異！因為，這類的網站相較於Yahoo!的保健頻道來說，相對「重度」、「專業」，並不是「平時保健

nih.gov health.yahoo.
comClassmates.com
smileycentral.com

「養生」在用的。這些醫療DIY網站的使用情境,往往是使用者透過搜尋引擎找一些「症狀」(symptoms),然後連過去該網站看看,這些症狀可能是什麼病?或者自己當醫生,「假設」自己可能有什麼病,查查該病的症狀符不符合現在自己身體的狀況?(也因為看到這方面需求,目前許多醫療DIY新網站都專打「症狀搜尋」這塊。)問題是,為何女性會有比較多這樣的需求?有沒有可能是因為,女性有的沒的的病痛比較多一點,不知道自己患什麼病,因此常常上這種網站查看?或是,女性對於保健的要求真的比男性高,高太多了,並常幫家人關心健康,準備醫藥箱總需要學一點點用藥與護理常識?

第五種,找老同學的網站:許多人把現在的社群網站和「找老同學網站」混為一談了。也對啦,所有年輕人都在Facebook上面了,2008年的大學生想找小學同學,上Facebook準沒錯!但,40～70歲的中老年人呢?他們仍然需要專業的「找老同學的網站」譬如Reunion.com、Classmates.com!不過我想站方也沒料到,這種網站的女性使用者竟然特別多,拜訪人口中,女性比男性多出30%以上!

除了上述五種網站以外,值得一書的是,Quantcast列表中另外還附贈一個很厲害的網站,吸引了特別多的女性,那就是SmileyCentral!它讓人們自由下載一些「小笑臉」的圖案(所謂的「emoticon」),可嵌在email或IM訊息中。這個網站,女性

使用者幾乎是男性的兩倍,應該和女性喜歡「可愛的東西」有關係,沒錯吧!假如這樣的話,那應該只有年輕女性喜歡囉?不!全錯!這個網站的主力使用者,大多竟然是中老年族群。 嚇!而且是收入較低、教育水平也較低、對電腦上網這些事情也比較不了解的,應該可說是網路上所謂的「輕度使用者」。女性的輕度使用者,竟去使用一個笑臉網站,讓它一個月還有近2000萬的不重複拜訪人次,排行全美第39名,對照一下目前手機圖鈴、答鈴的全民熱門程度,是不是又給創業家一些新方向了呢?

# YouTube上最出名的台灣小孩
## Kev Jumba

by Mr. 6 on June 19th, 2008,
**目前有 5 則留言,**
1 blog reaction

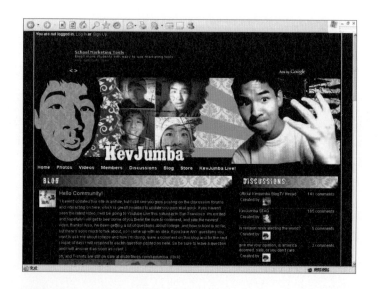

YouTube上最出名的「台灣小孩」,是誰?

陳士駿? OK,大概是吧,他是創辦人哩。除了陳士駿以外,有沒有其他「平民」?

一個華裔小男生叫「Kevin」,本名似乎是「Malvin」,長得就像千千萬萬個其他華裔青少年,但網路上,他給自己取了一個「Kev Jumba」,聽到這名字,喜歡看YouTube影片的美國網友肯定「如雷貫耳」,無人不知無人不曉,直到2008年某天我提到Kev Jumba在iBeatYou也有自己的首頁時,才有人跑來跟我說,原來這個小朋友的父母,是台灣去的移民!換句話說,Kev Jumba很有可能是YouTube上最出名的台灣小孩!

但他也是在家鄉最不出名的台灣小孩——關於他的介紹,一出了YouTube,網路上非常稀少,而在華人世界這邊,更從來沒聽過這號人物。但只要看看數字就知道KevJumba有多紅——YouTube的「KevJumba頻道」目前已達20萬人訂閱,為全球訂閱總數第四高的頻道。而

kevjumba.com
ibeatyou.com/user/kevjumba

KevJumba旗下38則影片的總和瀏覽數已達3000萬次，為全球「諧星」類別中第九高的。注意，在YouTube通常只要上50萬，就算是很成功的病毒影片了，Kev Jumba目前錄製的YouTube影片中，有高達10則竟然破了「100萬人」次瀏覽，其中一則「Ask KevJumba」更吸引了260萬人次瀏覽，1萬1千1百人留言，天，這麼多留言。另一則「我必須面對各種歧視」，更吸引了高達15,343個留言。

　　這麼多的人，湧進來看一則又一則片長不超過5分鐘的短片？這些短片，大多都是在Kevin自己房間裡拍攝的，Kevin總是這樣對著攝影機開頭，「Hi I am Kevin.」然後就對著攝影機自言自語了5分鐘，而且就像許多華裔一樣，Kevin舉手投足試圖擺脫華裔的味道，他的皺眉，他的黑人手勢，他的瞇瞇眼，他的眨眼，某個力量源源不絕的從他纖瘦的身體爆發出來。

　　讓KevJumba走紅的主因，就是他自言自語的「議題」，以及他詮釋這些議題的方式。他的議題圍繞著「對華裔的偏見」，想一正歐美人的錯誤印象。早期他拍了這一部「就算在YouTube，長相仍決定一切」，抗議亞裔就是被當作「李小龍」（他還表演了一下）。他舉例，只要變成美女，在網路上僅需談些與男朋友的私密情事，秀一條乳溝，嘿，就會有很多人瘋狂進來點閱觀賞！他也湊到鏡

頭前，告訴觀眾，看，我們華裔的眼睛，不像花木蘭畫成「鳳眼」，ok？而且，看啊，我一點也不像書呆子，我是一個「壞小孩」呢！說著說著，從旁邊拿出一張考卷，上寫一個大大的「B+」。看，我不是「A student」喔！

「當你是白人，你得了A就是超棒的Awesome，拿B也還不錯。」Kevin說，「但當你是華裔，你拿A叫average，拿B叫bad，拿C就是crap，拿D是death，拿F是fuck！」

KevJumba對「角色扮演」也尤其拿手，常常在房間裡直接一人分飾二角。他的音樂也配得很巧，輕鬆進行，有時完全靜音，而他的「後製」更是抓到重點，字幕會時而出現，讓他的脫口秀更豐富也更有架構。

當然，你問我喜歡他嗎？其實我看得不是頂舒服，因為就像大多華裔ABC，KevJumba試著糾正歐美人的方法是，「我和你們一樣，但我和我爸媽不一樣」，所以，在KevJumba的影片中，旁邊偶爾出現他媽媽的聲音（應該是演的），故意操中文破口音，教訓Kevin，「你讓我們蒙羞！你讓我們蒙羞！」還有爸爸的聲音，要拿出孔子教誨來教訓他。然後譬如在其中一篇「Put it in Purse」，他談到準備要開學了，他爸買給他一輛新車，然後秀出他媽媽教他開手排車的驚慌與講破英

uk.youtube.com/watch?v=pGmO-jcKENQ
uk.youtube.com/watch?v=nbZ9zJ22WfQ
uk.youtube.com/watch?v=rVYKZR3zsTg

文的笨模樣。我猜這仍然不是他媽，這是他朋友扮的。而這位台灣小孩 KevJumba，目前還只是一個高中生，在德州念書，由於還在發育，在YouTube較早期的影片可以看到Kevin的個頭明顯比現在較小，臉蛋也比較稚氣。

　　KevJumba的成功，給我們這些在台北、上海、北京的故鄉人什麼樣的震撼？應該就是，華裔已經漸漸打破了「成龍障礙」——華裔向來都是「見光死」，電話裡可以聽不出口音，網路上可以用個匿名分辨不出種族，但一看到長相，「喔，Asian ！」許多有的沒的的既有印象就套上來了！ Kev Jumba從YouTube爆紅，足見，原來華裔也可以在影音節目出頭。這樣的話，如果想在歐美透過viral video得到效果的，可能可請華裔製作病毒式影片（viral video）。當他們回台北玩，隨便抓一兩位，拍些好玩的東西，100萬人來觀賞，等於這「廣告」給100萬人看到，這個管道一切都是不用錢的，拍攝與後製成本也低到不行，一切只要找對「人」，拍對「片」。

　　對於做網路的人來說，除了這個以外，華裔們，也幫我們亞洲這邊網站想搞「網路外銷」的，鋪設了一條「星光大道」，我將它叫做「ABCDC」，就是「American-born Chinese Direct Channel」，抱歉我的用字，大家懂這意思就好，也就是在網路上直接讓ABC先開始使用，以他們為第一批假想使用者，使用成功後，其他重度使用者大約也會搞定了。因為我們發現，華裔美國人不但是網路上相較熱情、相較高能力的一批使用者，也對家鄉來的網站「網開一面」。所謂「網開一面」不是容忍你的bug，而是當我們這邊還有一些中文內容，甚至帶來一些中文明星，或一開始有幾個故鄉的帥哥美女會員，這些ABC不但看得懂，也很喜歡看。

# 90-Day Jane
# 九十天自殺！

by Mr. 6 on February 14th, 2008,
**目前有 5 則留言,**
2 blog reactions

2008年二月，一名美國女子在互聯網引起喧然大波，她開了一個個人部落格，名字叫「90-Day Jane」，為何叫自己「九十日」，因為她即將在９０天後自殺！她在個人簡介裡說：「這個部落格不是向各位求助，而是希望在我人生最後九十天留下一個公開的記錄……。」她將隨著自己生命倒數計時，每天寫一篇文章。還附了一張個人相片是有點像貞子的，長髮蓋住半邊臉，看了教人毛骨悚然。她還自拍了一則影片，在衣櫥裡挑選「那天要穿的衣服」，最後選了一件蕾絲的白衣。

「請不要想辦法救我。假如你要幫我，請寄信給我，建議要怎麼自殺比較好。」

這個部落格才開一個星期，就已經引起廣泛討論。不過，這些討論顯然不會持續九十天，因為「90-Days Jane」部落格已經被Blogger官方移除。而她原本在YouTube所放的影片，也被移除了。

那這位Jane小姐都寫什麼東西呢？譬如在2月7日，也就是第三天（倒數第88天），講的都是她的「遺物」該怎麼處理。她碎碎唸，一下說想捐出去，但不知道怎麼跟慈善組織說明，「總不能

www.liveleak.com/view?i=0db_1202831516
blog.wired.com/business/2007/10/yet-another-goo.html

跟他們說，我在九十天後就會自殺了吧。」她說她也懶得去打理這些東西，「誰會希望在人生最後的幾個日子還在整理家裡？」然後又害怕，萬一整理一大堆東西放在門口，誰都會開始起疑。最後她說，好吧，她至少會把私人物品都裝箱，讓她姊姊以後方便上網到 eBay 去賣掉。

也難怪大家覺得這是假的，因為 Jane 寫的這些話聽起來，從用字，從語氣，從內容來看，都是違反常理。要自殺的人好像不會這麼多話？自殺的人會在三個月前就先開始準備嗎？她不喜歡在自殺前整理家裡，但難道就會喜歡天天寫部落格？而且 Jane 還暗鋪了潛在的「賣東西」的可能性，讓人更覺得假如這是一場騙局，她真的可以從中賺到一些錢。

不過，令人有點害怕的是，假如 Jane 是真的，怎麼辦？Blogger 和 YouTube 兩個網站目前都是由 Google 所擁有，Google 真的有去透過 IP 位址或其他蛛絲馬跡報警並找到了「她」嗎？還是就像上次來過台灣 Facebook 活動的華裔網路名人 Benjamin Ling 在舊金山跳脫衣舞的影片，有人舉報，Google 就移除，盡量撇得愈乾淨愈好？

網路世界很有趣，雖然誰都可以發言，但假如你的發言真的被 Google 封殺，Jane 還真的就沒辦法了。你說，她或許可以再開另一個帳號？但誰知道是不是真的 Jane？換句話說，從她被 Google 移除的那一剎那起，其實她已經在網路上被判了死刑，立刻消失了！

我們若仔細想想這點，感受會很深刻。我們都覺得，在網路上被「封殺」有什麼了不起，網路這麼大，另起爐灶就好了啊！不過以 Jane 這個 case 來看，這種封殺，比酒醉駕車被終身吊銷駕照

不能開車還要「徹底」。這麼徹底，萬一 Jane 真的要自殺，然後現在又被「封殺」，她完全沒辦法求助或發洩，就被完全的「隔離」掉，說不定她明天想不開，等不及三個月就先去了？

誰說網路都是虛擬一場！它的規則仍在慢慢建立中，人們到今天都還在學習網路的味道，多觀察像 Jane 這樣的「極端案例」（boundary case），我們可以走在大家的前面先學一步。

# ABC藝人
# 創辦社群網站AliveNotDead

by Mr. 6 on May 16th, 2008,
view blog reactions

　　2008年五月，有一個專營明星與粉絲的雙語社群網站默默歡度一歲生日，它叫做「Alive Not Dead」，這個網站靠的「外力」，看看它站內主要明星就知道：李連杰、吳彥祖、吳建豪、連凱、陳子聰、胡凱莉……。和其他網站不同，AliveNotDead並不是開站才找明星「代言」的，根本就是明星自行創辦的，創辦人是香港藝人尹子維。目前有10個員工，似乎是在2006年秋天開始製作，做了近一年，於2007年推出，網站設計得非常精良，三種語言的切換，使用一下就會感受到，使用者流程設計與網站速度，很難想像它只創立一年，也看得出設計者對這個站的期許，以最大站的規格來設計它。而AliveNotDead走的路線也對，MySpace當初是從半出名的自由音樂人起來，證明了「藝人 + 粉絲」這個組合可以爆出很大的社群黏著度，台灣這邊也有StreetVoice等等。

　　不過，有趣的是，AliveNotDead還有一個放諸全球藝人社群網站都沒有的特色——

　　那就是，AliveNotDead裡面的藝人，似乎許多都是久住國外的華裔美國人，也就是所謂的

alivenotdead.com

「ABC」。他們的部落格文章，都是以英文開始寫，雖然有專人翻成中文，但從通順度可看出英文才是「原稿」，中文是有人去幫他們翻譯的！AliveNotDead目前到底成不成功，暫時無法確認。不過，當我在矽谷創業的弟弟告訴我這個網站時，讓我們產生很大的感想的是「ABC」這個特殊族群。

在之前寫過的＜海外網站「文學城」＞一文中，我們大約粗估，海外華僑上網總人口可能上看一億人！這數字有多大，只要計算一下原生故鄉大陸、香港、台灣加起來的上網人口也大約才1.6億人就知道了。這一億人之中，許多是第一代的老華僑或新華僑，至今還讀中文，不過，這部份的需求，他們可從台灣的中時電子報這些媒體得到了全部的需求。

可是！這一億人的海外華僑，肯定有兒女，也肯定有姪子甥女，這些人就是所謂的華裔美國人，所謂的「ABC」，他們，是被我們忽略的一群。

你說，哪對？他們又看不懂中文。就去玩Facebook就好了啊！

不，您有所不知，ABC許多雖然不會打中文字、看不懂中文字，但本身仍可以講一口帶點腔調的中文。無論中文程度怎樣，你會發現，他們喜歡的明星，女明星、男明星，許多都還是亞洲的這些。他們就算看不懂蔡依林的歌詞，仍然是「Jolin's Fans」。他們定期關注這些亞洲明星，自然也會參加中文歌唱大賽，以後或許回到故鄉演藝圈發展，這些ABC其實自成一掛，和他通email他只能打英文，但平常卻感覺不出來。你看陳冠希就知道，在他錄那段英文影片之前，以前還沒想到「他是ABC」。

這些ABC，是沒有網站可以玩的。

而AliveNotDead巧妙的從一群ABC男明星開始，也從一群ABC的粉姐粉妹開始。大家在北美的氣候滋潤下，女生皮膚透析，髮質也好，男生古銅膚色，肌肉大塊，總之個個都是帥哥美女。這樣下來的社群網站，先吸引所有的ABC當「基本盤」，接著往回推到故鄉來，再延伸到故鄉其他的男生女生，這個策略是非常可行的。

# 韓國小妹妹
## 壓倒李明博的不是牛肉

by Mr. 6 on June 18th, 2008,
**目前有** 14 **則留言,**
View blog reactions

　　眾所皆知，韓國總統李明博上任才不到三個月，就發生韓國二十年來最大的遊行活動，但凡事都有起頭，到底最初的那把火，是誰點燃的？

　　2008年六月有人提出，它，是由一群高中女生，在網路上所引起的。

　　啥米？

　　文章指出，牛肉事件一開始，在一般民眾還沒開始吵之前，早在網路上就已經開始辯論了，然後也開始傳一些奇怪的理論，譬如「韓國人的基因比較容易得狂牛症」。但重點是，在牛肉政策宣布沒多久，一群小女生就在「電視名人的粉絲網站」開始討論，隨後此風馬上吹到Daum下面的Agora論壇。

　　此時，有一位高中生也同步發起了線上連署，沒想到引來130萬個線上簽名！於是，有人在Agora論壇開始建議，「我們別在這裡光說不練，上街頭吧！」開始約時間、喬地點……。

agora.media.daum.net
ohmynews.com
615tv.net

五月二日，這一群高中女生，真的拿著蠟燭上街，這一切過程警方完全被蒙在鼓裡，因為這群學生完全是使用Agora與手機簡訊互相聯絡，他們甚至帶著代表他們論壇的「旗子」上街，有幾個論壇的主題原本是「迷你裙愛好者」，這些人這陣子全都在講牛肉，不講迷你裙！

剛開始，記者也沒特別注意。這時候，唯一在韓國做起來的「公民記者」起了作用（文章沒寫，但應該是OhMyNews吧），這些「記者」主動上街，訪問那些抗議者，把他們的照片、他們的話語，一字不漏的寫出來，一些影片網站如615TV也播放著「實況轉播」，這時候好死不死，有一個警察被拍到在K一個女性抗議者，結果整段被錄下放在部落格裡，引起極大轟動。據文章說，有些「公民記者」年僅 15歲，他們自己只想拍下「電視上看不到的東西」。這些「電視上看不到的東西」，這時候透過韓國特別發達的寬頻線路，傳送了一片又一片真實的「街頭影片」，但這些街頭影片，大多是幾十萬人中最極端的那幾位的畫面，譬如，一位高中女生搶來麥克風：「我坐了七小時的車來這裡，只是因為我不想死（被美國牛肉毒死）！」

這點很受爭議，因為高中生竟也可以發起一個全國性的抗議活動！

一位韓國教授說得好：「世界級的超棒互聯網設施，加上韓國人的民族主義，加上韓國人吃泡菜的辣脾氣，等於超級大火災！」看了這報導，我覺得上面這條方程式若或許還加上一樣東西還要更可怕，那就是「高中生」。「高中生」加「網路」加「政治議題」，可能會引發更大的火災！在網路上，我們早就已經常常看到，15歲高中生的發言權與發言量，和45歲的老人是同等齊步的。但45歲的人就是45歲的人，他多了格局、經驗、訓練、知識、人脈……數不清的寶藏，唯一比高中生少的，就是少了那總是不理性跟風的「荷爾蒙」！

糟的是，有些搞不清楚的韓國人，曾經直接把這場抗議，稱作「Web 2.0大抗議」。最後Web 2.0的全民聲音，這些公民媒體與什麼，原來是被用來擴大與模糊事情的真相，讓「小格局」誤導了「大方向」，也幫一些還沒成熟的小朋友拿來當作幫助他們成長的一堂課，那我覺得，這種課程的代價，未免也太大了。

# Heather Armstrong
# 32歲威力媽媽部落客

by Mr. 6 on April 18th, 2008,
**目前有 7 則留言,**
3 blog reactions

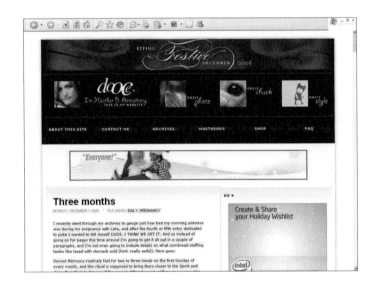

　　2008年四月，美國網路界出現了一篇文章分析了一下超人氣美國部落格Dooce，它目前是Technorati排行榜的第47名部落格。網誌背後的女博客叫做Heather Armstrong，曾是網站視覺設計師，現在是個32歲的全職媽媽兼部落客，有一個四歲的小女兒。而她部落格的文章，不是溫馨親子，不是可口美食，它的文章，全都是自家最平凡的生活，自家的生活不見得美的，媽媽所要面對的，皆是非常「殘酷」且「奇怪」的事。

　　現在的親子的部落格、生活部落格，實在多得不勝枚舉、眾如過江之鯽，Dooce成功之道竟然非常簡單──她對她的私事，比其他部落客更「毫無保留」，不會寫得東遮西掩的，讓讀者看得「很過癮」。而作者本身處理自己私事的寫作技巧也很高明，大家明明都在過生活，天天只有「小事」，沒有「大事」，但她偏偏就是能將這些「小事」做得很瘋狂、很有味道。文章舉例，這位媽媽有次收到垃圾廣告信，氣到不行，就把信件放在車庫道路上，讓車子把它狠狠的壓

dooce.com
huffingtonpost.com/arianna-
huffington perezhilton.com

過去！有一次有篇「Chuck's heightened sense of AWESOME！」，只是介紹他們怎麼請人來將卡在煙囪裡的浣熊給救出來，這麼無聊的話題，老公拍照，老婆寫，嘩啦就吸引了530則留言，都在說「awesome！」「way to go Chuck！」他們為了部落格，反而「更用力的過平凡生活」，成為一個正向的循環。

Dooce雖未透露廣告收入，但文章請Technorati幫她的一個月400萬PV估計，大約可收到一個月4萬美元（120萬台幣）的廣告，也就是說，他們一個月，賺到人家一年的收入。難怪她老公早在兩年前辭去某網路公司創意總監的工作，兩人一起開一間「Armstrong Production」，幫太太跑廣告業務，偶爾幫忙用單眼拍照，讓太太專心的寫作。

不過，寫私事，很辛苦！文章將Dooce與另外兩位知名部落客，HuffingtonPost的Arianna Huffington與PerezHilton.com的Mario Lavandeira比較，這兩位一個寫政治，一個寫娛樂，皆不寫私事。Dooce無法享受這種清靜。被戳樂（troller）攻擊時，怎麼攻都是「直接的人身攻擊」，因為大家對她實在太了解了！這位媽媽說，當戳樂攻擊得嚴重時，她必須找心理醫師治療（最近好幾篇她的留言皆封閉，不知是否也有關聯）。此外，她偶爾也會「寫到不該寫的」。比如三年前她寫到她父母的宗教「摩門教」，寫過火了，家庭鬧了三個月革命。

我認為，Dooce教我們的，不只是「把平凡生活寫成部落格」，而是「把自己的生命寫成部落格」，這樣來看，每個人都可以變Dooce。我們常稱一位很出名也措詞不留情份的部落客叫「威力部落客」（power blogger），現在Dooce不但是「威力部落客」，大家也叫那位媽媽為「Power Mom」，不只是叫人「別小看家庭主婦的威力」，最重要的是，別小看「自己」獨特的威力！人人都有生活、想法、威力，華人圈的部落格，還缺很多領域沒人經營，說不定你就可以「填」上去！

# DHH
## 最有煽動力的網路演講

by Mr. 6 on April 30th, 2008,
**目前有20則留言，**
5 blog reactions

37signals.com
en.wikipedia.org/wiki/David_
Heinemeier_Hansson

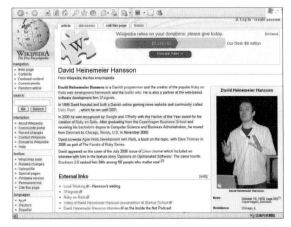

　　2008年四月的某一天，當37Signals的DHH站上史丹佛講台，講了一場很不一樣的演講，許多人聽完，覺得深受震憾，有如從催眠狀態被拉出來，「終於看清這世界」，全場近乎歇斯底里的大力鼓掌，還有吹口哨的。

　　DHH在演講中，抨擊矽谷的創業家，抱著一種「一定要成為下一個Facebook、YouTube」的「打全壘打」的心態。他說，幹嘛這樣？他表示，想成為下一個Facebook，機率可能是10,000分之一，然後讓你賺個10億美元。但，如果要你只冒五分之一、十分之一的風險，就可以賺100萬，為何你不去賺？「你們……都被洗腦了！」觀眾大笑，DHH的演講被掌聲打斷。

　　那，要怎麼賺100萬美元呢？DHH舉例，只要你設法找來2000個客戶，一個月願付40美元（1200元台幣），一年就有1百萬美元（3000萬台幣）營收了！假如只有400個客戶，一年至少就有20萬美元（600萬台幣）營收！他問大家，想想，找來400個付費客戶，真有這麼難嗎？搞網站不必像搞「電影產業」那樣，不必非得變成「最棒的那個」才能席捲票房，如同你哪天想在街上開一間義大利麵餐廳，只要附近的人都喜歡吃，就可以穩穩的賺錢了！你根本不必想做全世界最棒的義大利餐廳！因此這400名客戶並不難找！「你根本不必太聰明，就可以賺到錢了！」

　　這場演講雖然許多地方我並不苟同，但不得不承認，它是2008年最有煽動力的網路演講之一。

# Ross Mayfield
# 用一種很奇怪的方法來徵才

by Mr. 6 on July 22nd, 2008,
**目前有 7 則留言,**
view blog reactions

ross.typepad.com/blog/2007/07/ceo-
20.html www.adaptivepath.com/
blog/2008/04/09/starting-the-ceo-search/

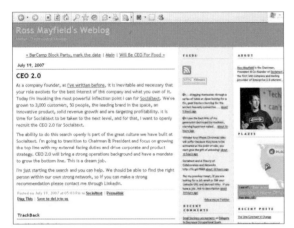

2008年六月,矽谷有間頗知名的公司Adaptive Path的創辦人提到,他們公司徵求CEO人選,卻找不到人。後來他跑去問另一個資深創業家Ross Mayfield,發現他竟然用一種很奇怪的方法來徵才

——

Ross直接就在他部落格上面說「我要徵才」,寫了一篇很不像樣的職缺訊息,給它一個超不傳統的職稱「CEO 2.0」,結果還是來了100多人應徵,其中當然有些不怎樣的,但有些品質異常的高,讓Ross非常滿意,最後從中挑出20個適當人選,其中五個全都都是A+,他從容不迫的從五個中挑選一個!

Adaptive Path的創辦人表示,他照著Ross的建議做了,先在自己公司的部落格公佈「徵才訊息」,也再到自己個人的部落格公佈「徵才訊息」,他也在他的Linkedin作了宣傳,然後,他果然就收到了大約170個人前來應徵,其中有些的品質果然特別的高,有20人到最後一關,最後留下五人競爭,貼出文章後的短短三個月,就找到了他們夢想中的人才!

這篇故事,對於徵才市場,尤其是中小企業的徵才,在去年產生了一些影響。若再想深一點,這篇故事教了我們一個關於「企業部落格」的新啟示:企業部落格就像一個免費的花台,偶爾擺一些花蜜,就有「蜜蜂」前來開採。蜜蜂雖然不多,但都和這企業的文化、產品、員工……有關係的。換句話說,企業部落格等於已幫企業「自動篩選」出「對的人」,在企業部落格宣布任何事情,往往會發現,找來的人通常是特別的合適,常有「相見恨晚」感受,因為這個部落格已經不知不覺經過一輪又一輪的篩選。

# James Nachtwey
## 照片怵目又寫實的網路宣傳

by Mr. 6 on October 8th, 2008,
**目前尚未有留言,**
View blog reactions

**XDRTB.org**

2008年十月,專拍戰地照片的攝影記者James Nachtwey,用自己單薄一架照相機的力量,將一個很嚴肅的議題散播出去,他跑到非洲,那邊正流行著一個叫「XDR-TB」的流行性的結核病(中文似翻為抗藥性結核菌),已經變種,抗生素已幾乎殺不死,目前在非洲、南亞等地一年要奪去兩萬條的生命。非洲死了多少人,我們在東亞、在北美洲都還是舒舒服服的在家裡睡覺,這些G7、G8、G9、G2000是不會管非洲人的。這些可憐的故事,戰地記者憑他在戰地衝鋒陷陣寫實照片的本事,一張一張的拍下。

然後,他拿著這些「傳說中的照片」與影片,開了一個「官方網站」叫做「XDRTB.org」,打算用「網站 + 怵目驚心的照片」,來喚醒人類最原始的力量,整個網站用的是黑底與鮮黃的字,看完影片,可以點看他所拍攝的照片。最重要的是,網站的右手邊寫著「你現在就可以做的三件事」,再繼續發揮其他的網路效應,直搗重點,清楚明瞭:

一、馬上「分享」(share)出去。

二、馬上「連署」(sign)出去。

三、馬上「參與」(support)這活動。

接下來,這些照片會從紐約開始展起,到澳洲、到韓國,還會到香港。我們可繼續觀察,看看這些相片、這個網站,如何將一個冷門的題材,讓全球的每一個網民,突然間開始人人都知道了「XDR-TB」。這個網站可說是2008年一個很有意義也很成功的行銷站點。

# Jason Calacanis
## 知名部落客宣布退休，第二春竟在EMAIL

by Mr. 6 on July 15th, 2008,
**目前有 6 則留言,**
1 blog reaction

fragranceprince.blogspot.com

　　美國知名網路人與部落客Jason Calacanis於2008年七月宣布，即日起不再寫部落格，還引用了Michael Jordan當年在公牛隊宣布退休的記者會歷史照片，表示他是「光榮退休」（retire）而不是「倉促停擺」（give up）。為什麼「退休」？他說：「部落格界已經變成非常的兩極化（polarized），充滿了『不知為何而恨的懷恨者』，讓整件事變得沒有意義。我會開始希望，只站在場邊觀賞（watch from sidelines），只在一些小眾的、個人的情境下分享。」

　　停止寫部落格後，Jason將改寫「mailing list」，只對著一群750個最忠實的粉絲或朋友，寫一些心得感想。他也馬上依約，在當周的周末寄出第一封email，被TechCrunch撈到並揭露。

　　我認為，Jason Calacanis本就是個特別的人、特別的創業家，因此，他現在退居以email的形式來寫部落格，我不認為是「退縮」，反而是在作另一種「開發」。有些人認為，這種開發是在「開發更多讀者」，甚至是在為部落格起死回生的「2.0版」作準備？我則認為，「曾走過，不會眷戀」，我感覺到，Jason已享受過部落客可享受的東西，現在，他想找到流量與眼球之外更多的新價值！隨便講一個好了：若避去一些搜尋引擎帶來的假流量，文章只讓特定的人讀到，增加價值性，且到了要轉寄時，Email是一般人都通的通路，等於是另一個網路，雖不開放，但是它從朋友的道路連出去，黏性更強。

　　Jason「投胎」到另一種email為主的內容，他看到的東西與我們不同。網路一年等於十年，網路是屬於創新的人，看看Blog，已經是70年的陳年舊物了。70年後，它會是700年前的骨董了。

# Omnisio
## Google以5億台幣買下創立一年的公司

by Mr. 6 on July 31st, 2008,
**目前有 5 則留言,**
view blog reactions

omnisio.com

　　2008年七月,美國網路界傳出Google買下了創立不到一年的矽谷網站公司Omnisio,價錢大約是1500萬美元(台幣5億左右)。Omnisio所提供的「影片花絮工具」有好幾樣,其中之一,是讓使用者可在影片上加入類似漫畫的對話框,很像八卦雜誌的「設計對白」那樣,所以假如你錄下某人演講,你可以在他的旁邊加上「唔,我忘詞了。」這種的東西。第二,Omnisio讓使用者開「兩個框框」,左邊放影片,右邊放簡報,下面更有一條超棒的「簡報河」,滑鼠拉過去,就可以看到簡報的內容。今年五月,Omnisio更加上一個「超級殺手級」功能,可以讓你直接把一個SlideShare簡報和一支YouTube影片合在一起並照指定時間播放!

　　YouTube自己已說了,它希望Omnisio能為YouTube的使用者提供更多的「創意的方式」來表達他們自己,從YouTube說詞可嗅出,他們買下Omnisio,純是因為Omnisio所做的事,剛剛好是他們在想的方向,不然,Omnisio的流量目前等於「躺在地上」,不確定會不會起來,雖然用過它的人都說讚,不過沒人用的話,最後也無法收到錢,

　　當YouTube思考它下一步在哪裡時,它看到它可能需要一些產品,於是就在市場上尋找有沒有「現成的」,結果就看到Omnisio。我們知道YouTube早就看到它的留言系統相當貧乏,試著做一些社群、分層,沒有改善。YouTube可能是終於領悟到一切的互動必須得在那一個「播放著影片的小框框」裡,遂買下Omnisio,為它那個框框直接加入一些社群感,也讓Omnisio成為2008年少數漂亮賣掉的成功網站之一。

# 微軟買雅虎
# 網路人來看一場「獨霸秀」

by Mr. 6 on February 4th, 2008,
**目前有 10 則留言,**
3 blog reactions

reuters.com/article/newsOne/
idUSWNAS894220080201

微軟在2008年二月曾傳出正準備以高達62%溢價直接收購Yahoo!,總共將花上446億美元。Google當時也回應:「微軟收購Yahoo!,有可能會對互聯網帶來『不適當與不合法』的影響力,就好像它對PC產業一樣。」

這是Google對這件事的態度。也確實才是這次大秀的重點。這句話翻成白話的意思就是:微軟買下Yahoo!後,會不會對互聯網「玩獨裁的遊戲」,就像它對PC一樣?

來看看數字,數字會說,買下以後,微軟的網路媒體相關部門MSN,若多了Yahoo!來的營收挹注,年營收將從24億美元遽升三倍到幾乎100億美元,可以做的事情更多了,和Google的170億總營收終於算是倍數以內的差距。而微軟與Yahoo!目前分居全球第二、三名網站,它們兩方在網路上加起來的不重複使用人次,會是12億人。天,這不就是據我所知的全球上網人口的「總數」嗎?當然,他們兩方會有一些重複的使用者,但無論這數字會是幾,肯定將會超過Google的5.9億人。

現在再來看兩者的王牌服務。微軟的Hotmail與Yahoo! Mail兩者加起來的email使用人數將達8300萬人,這點將遠遠的超過Gmail的1300萬及AOL的3000萬人。簡直是email界的怪物。接著,Live Messenger與Yahoo! Instant Messenger擁有一共高達4700萬個即時通訊(IM)的使用者,AOL雖還有近4000萬人緊咬不放,但他們畢竟以老人與家庭居多,反觀微軟陣營這邊大多是上班族與年輕人。當然這案子後來呈現破局的狀況,不過這場差點完成的獨霸秀,留給網友茶餘飯後太多的討論話題。

# 驚傳心臟病發的3位美國部落客
## 部落格策略寫作的策略

by Mr. 6 on April 7th, 2008,
**目前有** 9 則留言,
1 blog reaction

gigaom.com/about-om

russellshaw.net blogs.zdnet.com/Orchant

《紐約時報》於2008年四月發表了一篇文章,舉世震驚。它披露,之前兩個月,竟然有三位重度部落客前後心臟病發!前面兩位經送醫急救後仍回天乏數,不幸去世了,第三位是41歲的知名部落客Om Malik,他三個月前心臟病發,好在存活下來。

第一位不幸去世的叫做Russell Shaw,剛滿60歲。從他的個人網站可看到,他除了出書及幫AllBusiness寫部落格,偶爾也幫Huffington Post寫政治部落格,已經寫了200篇之多!而他也頗為驕傲,是唯一在CNET上同時寫兩個部落格的人。我們看看,他在CNET的最後一篇文章是3月7日……凌晨3:26所寫的。凌晨3:26分,無論他過的是美東美西還美中時間,都不該是「上班時間」不是嗎?

第二位叫做Marc Orchant,剛滿50歲,同樣也是在ZDNet等處寫部落格,Marc當時必須在一個月內再跑西雅圖與加州兩處,參加某科技會議(可想而知也會現場blogging),他病發的當天是星期天,星期天喔!他「就像平常一樣」從7點半開始「工作」,工作到8點10分,他太太聽到一聲奇怪聲響,趕來時發現他已倒在電腦旁邊的地上。

可見,寫部落格,真是離譜的超時工作!紐約時報指出,部落客和一般的自由業者不同,他們雖然可以在「家」寫稿、在「家」工作,不過,也表示他從來都沒有所謂的「下班時間」。這篇文章可說是帶給部落客們一個大警惕了。

# 「歐普拉」
# 鬼魅魔力囧壞所有網路人

by Mr. 6 on March 6th, 2008,
**目前有 1 則留言,**
1 blog reaction

oprah.com
blogs.zdnet.com/ip-
telephony/?p=3358

2008年三月,美國的脫口秀天后歐普拉(Oprah Winfrey)被網路上的批評攻擊得蠻慘!這一切都是因為她的Book Club正式宣布即將與一位心靈暢銷書作者Eckhart Tolle合作開一系列的網路心靈課程直播。每周一晚上,連續十個星期。宗教記者Linda Hoffman就非常不滿,表示歐普拉平常乖乖的賣她的貴婦名牌就好,還要「跨足」到心靈提升?然後互聯網傳教士Keller也直指,Oprah是現今「全美國最危險的女人」!

妙的是,大家「吵」翻天,也把歐普拉這話題「炒」得比夏天太陽還熱。隔了一周,歐普拉與這位作者的十場現場轉播的live webcast的第一場,大家只看到幾分鐘,就搖搖擺擺、停格、斷線,整個都爛了。據報導表示,首播一共有50萬同時上線。瞬間的throughput需求量達到

242GBps,伺服器果然承擔不起!從前的技術不佳,1999年時一場Victoria's Secret fashion show幾百萬個觀眾湧入,就當機了,但最近的當機事件,一定要是很誇張主題的才會發生。譬如當時才剛剛發生New York雜誌刊出Lindsay Lohan裸照事件就造成當機。歐普拉不需要任何裸照或時裝泳裝照就可以當機,影響力真的很猛!

# 更多的紅人 more People....

線上雜誌Salon宣布為旗下子網站「Open Salon」開站,這是一個部落格寫作平台,但業界主要關心的是,它還提供一個叫Tippem的「給部落客小費的系統」。

也就是說,讀了一篇部落格文章,覺得很精彩?那就付Open Salon部落客一點「小費」啦。只要按下「tip」鍵,馬上透過類似PayPal的系統來付款,最低只要一美元就可以表達你的誠意與熱情!其實,「給部落客小費」的點子早就有了,但,Open Salon和一些開放式的線上小費系統如TipJoy不同的是它是「封閉式的」,只讓「會員付給會員」。你說,難道不該讓旗下部落客賺愈多小費愈好嗎?為何封閉?這種做法看似令人不解,其實,巧妙地「別有洞天」——

Open Salon的留言,並不是人人都可以留,想留言者必須申請會員、登入才行,也就是變成一個部落客,才能開始玩。隨便看看目前的這些留言,可發現竟然是部落客自己互相留言居多,最重要的是,唯一能給小費的,也是這些部落客會員。

但,就算是在美國,網路隨便給小費,依然是新習慣!巧妙的是Open Salon採用了一種「訓練」的方式來促進這個「給小費的好習慣」。據說,Open Salon在初期會給每個新進的部落客會員「25元」的credit,並且每介紹一個會員還可以得到10美元!

陳列式廣告的成功案例一:黑色的紅色的酷酷的Mars Planet就在MySpace請一個DJ開了一個線上小電台,每周邀請一位幸運的MySpace網友一同主持,每周都吸引4萬4千名聽眾,這些聽眾再透過社群的留言、討論,慢慢的將這件事傳給其他朋友。

成功案例二:少年電影「Angus Thongs and Perfect Snogging」,以顯示型廣告上去,連到裡面明星的個人部落格,然後再請另一個少年偶像劇演出少年在看這些部落格的戲碼。也就是說,廣告本身就和青少年的生活貼近,並給他們一些東西像版型、像小圖示……。

注意,他們所舉的這些例子,其實都是某種創意的「online campaign」,有創意的廣告主都在想了,但有了「橋段」不夠,還得花好多錢來做網站,做完網站,還要另外買公車廣告來promote。但,照這樣看來,這些社群網站卻可以幫廣告主「一次搞定」(one-stop solution),廣告主從今以後只要在上面設計一個橫幅直幅顯示型廣告,再開一個profile,就可以搞出一個極有效果的campaign!

老牌交友網站Match.com 的女財務長Lisbeth McNabb辭去令人羨慕的工作，出來創了一個自己的「女性話題網站」W2WLink.com。顧名思義，此網站希望成為「Women2Women 的Link」。據這位能力極強、自信非常的Lisbeth表示，她創這網站只看到兩則數據：第一，「美國一共有3400萬名職業婦女」；第二，「在美國有70～80%的中小企業是由女性所創立的」。換句話說，這個網站是給就如同她一樣的「事業型女性」，這批女性雖然人數不多，但消費能力極強，每年大概有2兆美元（$2 trillion）左右！

這數字雖然可能有點誇張，但仔細想想，所謂「事業型女性」，的確是一個蠻有辨識度的族群。她們和「熟女」不一定能畫上等號，亦不能和所謂「OL」畫上等號。事業型的女性，不是用年齡層或從事行業來分，而是從她們的「心境」來分。假如這些人跑去便利商店買雜誌，我可以想像，她們不會去第一個就去碰《Costmopolitan》、《Vogue》、《Elle》；她們看的或許都是主流的雜誌（所謂男人看的雜誌），有空再來翻翻那些「有的沒的」，目前坊間似乎找不到真正屬於她們的讀品。

earfl，專門做「聲音版的YouTube」。人家YouTube讓網友上傳影片，Earfl則讓人上傳「說話」、分享「說話」。Earfl是這樣自我介紹的：「每個網友都有故事要說。無論是和朋友度過一個很有趣的夜晚，還是第一次送小孩到幼兒園，你都有些故事要說？你也很想聽聽別人的故事吧？」

這樣的點子其實早已有類似競爭者，除了一堆podcast分享網站外，直接提供分享聲音的網站還有Springdoo、Evoca、Saynow、Pinger等等，只是這些競爭者有的專門讓網站嵌入錄音，有的專做留言，沒有像earfl這樣直接就想做「聲音的YouTube」。而earfl看似簡單，背後技術卻有蠻高的門檻，除了壓縮聲音檔的問題外，通常「聲音」最大的麻煩，就是如何將聲音「錄」進網站中？earfl巧妙的用「網站、實體、網站」的使用流程，將一件需要人工操作電腦的事情，簡化到「只要走幾步路去拿手機」即可完成「第一次操作體驗」。可惜，earfl這樣run了幾個月下來，並沒有起飛。

不過！Earfl在2008年年初做了一個專題行銷計畫，卻真的讓它有點不一樣了。這一系列行銷計畫乃朝著今年美國總統大選而來。earfl很厲害，嗅到此番大選將「一州一州」的掀起風暴，於是，他們就像「跟屁蟲」一樣，離開電腦，辛苦的跟著民主黨與共和黨的候選人一州一州跑，每到了一州，就去開放當地電話號碼，要當地民眾「打電話來傾訴一下對某候選人的看法！」等於是「開放全民叩應」。譬如他們才剛到Iowa，開放了515-322-1477，接下來又到New Hampshire，又開放了另外一支電話。earfl還特別免除了會員登入程序，選民可以直接打電話過去，按「101再加#」，就可以「直接錄音」。這招，讓earfl突然湧進大量人潮，有些候選人更主動將此站介紹給選民，要他們上去錄下自己的聲音，現在歐巴馬已有92則錄音，希拉蕊則有39則錄音……。不敢說earfl已經起飛，但它這一場像「跟屁蟲」那樣「追著」那些「直接需求使用者」的行銷計畫，讓人印象深刻。

Genbook是個已開了一年半的網站,它是一個「約時間系統」,讓網友可在它上面直接對某商店預約時間。Genbook在10月份推出了一個叫「BookNow!」的Facebook app,這個外掛插件不是插在個人檔案裡,而是讓公司、服務、商人插在他們的企業Page裡,置入「Book Now!」。這個動作我覺得很有意義,可以說是完成了「虛擬與實體的最後一塊拼圖」。

Genbook在Facebook app做出來之前,至少先用它「分散式的約時間系統」做到三點:一、實體商店與Genbook站在同一條線上。二、Genbook可以從實體商店得到回饋。三、實體商店也能真正從Genbook得到高回饋。

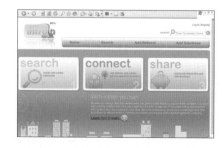

你每次租房子、買房子的時候,會不會想,唔,如果可以和已經住在裡面的人「談一談」,該有多好?如果做一個網站,讓所有的準備租屋的「新房客」,和原本就住在該公寓的「舊房客」詢問,該有多好?

Introin有個好方法。Introin的做法,便是以「傭金」來鼓勵這些「舊房客」站出來講話。這間房子住起來怎樣?有沒有舒服?Introin巧妙的帶入另一個mass,就是「房東」,然後在這個網站上,說好了讓這些舊房客「分享傭金」(referral sharing)。舊房客看在那一點點傭金的份上,幫忙回答新房客一些問題,新房客知道有傭金的存在,但,礙於「有資訊總比沒資訊好」,也玩得不亦樂乎,甚至還可以要求舊房客分一點傭金出來。這是一個「3 Mass」的問題,巧妙的解,於是舊房客、新房客、房東,「三贏」。

台灣新創網站界相當矚目的社群網站Webi,團隊是從遊戲界出來的。遊戲產業在台灣已然成熟,有多家上市上櫃公司,創投也時而聽說有人投資遊戲公司,也就是說,在台灣,遊戲界擁有一群真的「玩過大車、見過世面」的資深創業家。讓這些高手團隊來做網路,有時會有「拿關刀切白菜」的味道,對於已經做過遊戲的人而言,一個網站所需要的機房設備、開發工具,都是「小學程度」而已;而一般普通網路創業家怎麼想也就想不出「虛擬貨幣」一招,但來自遊戲產業的創業家卻不只會導入虛擬貨幣,還有故事情節、任務……甚至後面的吊胃口的懸疑。因此,Webi自己也說,很多人稱他們為「新一代的flash部落格」、「無名小站的下一代」,創業家說,「Webi其實不像部落格,更像有『遊戲感覺的交友平台』。」

連續創業家Marc Andreessen的Ning被眼尖的VentureBeat發現，默默籌得6000萬美元資金，讓它的估值來到了5億美元（台幣150億），並如TechCrunch所言，這是2008年第二個估值超過5億美元的網站了，另一個同樣被投資人看好的網路服務是插件提供商Slide.com，三個月前才剛籌得5000萬，估值一樣是5億美元。

這兩間網站，有一個極明顯的共通點，它們都不是訴求一般的使用者。它們訴求的是「自營者」（operator），也就是有興趣「自己當主人」的。「自營者」與「創業家」有所不同，他不見得在經營什麼事業，可能只是自己呼朋引伴的地方。「自營者」所涵蓋的範圍更廣，像部落客就是一種「自營者」，論壇站長也是「自營者」，只要網路創業家開始提供新的選擇，更多「自營者」還會繼續冒出來。

這兩年來我們常計算，社群網站若能累積5000萬人左右會員數，它的估值便能穩穩躺在5億美元以上，從MySpace、Bebo、Facebook，然後從小站如Geni都是這個「價碼」，但這已經是過去了，現在又出現了另一個關於「自營者」的「價碼」。這新「價碼」就是，只要你擁有超過30萬名「自營者」，就有機會拿到等同於5000萬會員水準的5億美元估值。不必多，30萬個就好。而這些專攻「自營者」的網站，獲利模式更簡單，由於「自營者」只是「中游」，不是最下游，他們的滿意度不完全建立在如雲似霧難以捉摸的kimochi，只要他們可以對他們客戶交待，我們就成功了。譬如Ning的收費模式就是，若「自營者」想要有網址、或想移除旁邊的廣告放自己的廣告，都要向「自營者」酌收會員費。許多「自營者」為了經營得更好，就乖乖的付錢了。

關鍵字廣告的購買已佔所有線上行銷預算近40%，但關鍵字廣告這個概念，本身還不到9年，剛歡度十歲的Google當初根本沒想到這種與廣告主共榮的獲利模式。那下一個新廣告方式在哪裡？9月，英國Guardian出了一份熱騰騰的最新分析，題目取得好：「在難賣的廣告中，好賣的個人因素」（Personal touch to the hard sell），也為最近正努力為Q Together幸福點名找尋獲利模式的我們點醒某些事情。這篇報導難能可貴的是，它舉出了幾個真正在Bebo、MySpace社群網站上的成功案例。

這些成功的案例，竟然一點也不「炫」，站方並沒有去想什麼特別的社群網站手法，也沒去探索什麼Friend Rank。這些廣告，竟然只是普普通通的──陳列式廣告（display ad）！Why？他們提出兩點：一、社群網站多為青少年，他們不會「躲」廣告，而會真的去看廣告，如同我們真的去觀賞電視廣告。二、他們小小年紀，可能是因為真的整個心都在社群網站上，為他們帶來極大的朋友聯絡，所以他們竟然認為「這個網站不應該是免費的」，心態上竟然比報紙或電視廣告的接受度還高，甚至故意去跟著它唱和。這時候，假如廣告主就抓住這點，雖然只做一個陳列式廣告，但搭配的「內容」及點進的「網站」是一些「為他們好的服務」，就搞定了。

iBeatYou是一個2008年3月才新創的網站，讓使用者上傳影片或照片或文字，加入一些逗趣「比賽」。目前站內最紅的影片比賽是「誰能不眨眼撐得最久」、「最棒的口技」；最紅的照片比賽則是「最性感的肚臍」、「最棒的跳起來在半空中的照片」……等等。

iBeatYou假如成功起飛，它的「甜蜜點」可能再簡單不過，這是一個與「球星」與「明星」都有掛勾的網站。它的兩位重要投資人與創辦人，一位是NBA名將Baron Davis，可能因為他就在矽谷奧克蘭的Golden State Warriors隊打球，受網路風浸淫，樂於搞搞網路，自己也就邀了「同事」Gilbert Arenas、Steve Nash，出現在iBeatYou裡面。另一位創辦人是製片Cash Warren，他的未婚妻Jessica Alba是知名女明星，她也拉了她的朋友Brent Bolthouse、Romany Malco進來。其他加入的還有亞裔線上明星Kev Jumba等等。

但若說iBeatYou只強在「找來明星」，那我們就錯了。它並不是第一個「找明星」的網站，它「手上」的明星其實也只有「幾隻」，量不多，亦不是目前最最最紅的「一時之選」，但iBeatYou的美妙，在於它如何利用這一小群明星，讓他們變成「一般使用者」，和群眾混合，一起做一件大家都能做的事。這件事有多吸引人？只要用一句話「和明星比賽」，短短的五個字形容，大家都懂這是什麼意思，也懂這件事好玩的地方在哪裡（至少小弟弟小妹妹知道）。它就抓緊這件事，在它的周圍，建成了一個iBeatYou網站，譬如Steve Nash做了「一分鐘內投進最多罰球」的比賽，想不想跟他比比看？明星自己也會對這種「誰能不眨眼撐最久」覺得好玩！

Google在2008年4月1日愚人節，正式「推出」一個叫「Google Paper」的新產品，在Gmail只要按下「mail」鍵，它在二～四天後就會送到你家，碰到照片則印成光面，連MP3都可以弄出來，實在太扯了，後來果然是「愚人節快樂」，他們「自愉愚人」。

但有幾個「愚人」，顯然不覺得這點子很笨！他們於不久之前，正式推出了一個新網站「PostalMethods」，把「Gmail印出來」變成真的！只要上PostalMethods，它就幫你把email或文件印出來，用郵寄的，寄到你想要寄的住址，送到那個人手上。不過請注意，PostalMethods已經不是第一個「幫你送真正郵件」的網站了。那，PostalMethods的特色在哪裡？它就像它的名字所暗示的，將這整套「送郵件系統」，包成一套API，不是讓使用者去用，而是讓「網站」去叫的。譬如，你以後做一個網站，可以在新會員加入後，順便寄一封信到他的家裡，感謝他的加入！哇，一定會很窩心，對不對？網站若想使用 PostalMethods的API，得付費才行（廢話，郵票是要錢的OK？），他們採預付制，預付100美元，每封信就收取1.04美元，預付500美元，每封信就收取0.91美元，最多只能預付1000美元。這種預付制對PostalMethods很是有利，讓他們得到尚未支付的款項，有些永遠不會實現，因此站方有些現金可供運用。

「QR-Code」就是二維條碼，長得像一個黑黑的點點的方框框，通常你會在路旁海報的一角、廣告的一隅，還是雜誌的某頁看到它，只要手機有支援它，拍下來後，就會自動下載資訊到手機，或直接用手機上某個網站觀賞。

「P8t.ch」的怪名字是取「patch」的意思，它其實就是一個賣商品的網站，它所賣的唯一商品是一種貼布（patch），上面印著QR-Code，大約是5公分×10公分，小書籤的大小，可繡縫在衣服、帽子上，一個定價21美元左右含運費，若要從亞洲買就得付31美元（650元台幣），還不算太貴吧，它也順便送你一組1650寬1650高的QR-Code圖檔，也可以自己印成T恤。表面看起來，p8t.ch是在幫所有民眾「印製QR-Code」。

Mloovi，由英國創業家所創，讓你為自己的部落格提供「不同語言的RSS feed」，自動將原文翻譯。也就是說，從今起，只要使用Mloovi，就可以在部落格邊欄多放「訂閱德文版」、「訂閱韓文版」、「訂閱泰文版」……，任何一個國家的人都可以訂閱你的部落格文章！目前支援24種語言。

對於所有部落客來說，Mloovi會是很重要的服務。一般的「老外」讀者，是不可能到你的部落格去找東西，就算有自動翻譯，他們寧可先找自己熟悉的語言。但，不表示這些「老外讀者」對你的部落格「不重視」，而是，這重視的程度可能暫時先放在心裡，有機會，就會去擁抱它、為自己「準備好」。Mloovi讓整個流程「反過來」，它讓一些地區性的博客，透過加入讀者熟悉的異語言的RSS訂閱，促使這些「老外讀者」先訂閱再說，反正大家RSS都訂閱一大堆，本來就不可能全看，通常是選題目、裡面幾句重點，哪天這位部落客寫了某個讓該「老外讀者」喜歡看的題目，及時的送到他的 RSS閱讀器，讓他點進去看完全文，驚為天人，便開始在他的族群中散布了！沒多久，你會發現怎麼愈來愈多德國人、西班牙人、義大利人，都開始讀你的文章了！

但，這還不是Mloovi最棒之處。RWW將它和之前另外兩個點子，也就是「維基翻譯」的Lingro.com，以及「大家幫忙翻譯影片」的dotsub.com，並稱為網路最近和自動翻譯有關的「三大讚」。看看這三大讚，就知道Mloovi的優勢了。Mloovi這個「讚」，比另外兩個「讚」還容易做，容易得不知幾千萬倍。Mloovi從頭到尾，只是一個簡單的「混搭」（mashup）。

基本上，Mloovi只是拿Google Translate的API，套上你給他的RSS種子，形成了新的RSS，準備在那邊，你可以將它再套上Feedburner。Mloovi目前只有兩個人，或許工程師根本只有一位，花個一星期，歐不，或許是一個周末，東拿西拿幾個現有的工具，就把一個Mloovi給做出來了！

# Part 2

# 最紅的想法
# Ideas

# 只能看3分鐘的怪網站
## Dentyne

by Mr. 6 on October 2nd, 2008,
**目前有 9 則留言,**
1 blog reaction

2008年8月,美國僅次於青箭口香糖的第二大口香糖品牌Dentyne,推出了一場轟轟烈烈、鋪天蓋地的新行銷活動(campaign),稱之為「Make Face Time」(中譯為:多找一點機會見見面!)。特別的是,這場行銷活動直直朝著「上網」這件事而來,力推「不上網」!

一個男生在一個女生的耳朵邊講悄悄話,讓女生笑得很開懷,廣告說,這叫做「最古老的語音信箱」,嗶聲後請留言……。

一個男生送女生離開,離開前,男生一股衝動衝過去在計程車門口親她一下,廣告說,這叫做「最古老的MSN訊息」。

接下來,兩個女生熱情擁抱,表示對對方的感動與支持,廣告說,這叫做「Friend Request Accepted」,也就是邀請加入社群網站作朋友已被接受了,這是Facebook常用的字眼。

此活動起初是在八月中,先從美國各大城市的地鐵的看板廣告開始,接下來,他們會推出

一系列的電視廣告，播放人們一起踢足球、游泳或親吻，然後再配上一些網路的詞彙。最重要
的是，他們於上周剛剛推出了一個新的行銷網站MakeFaceTime.com，喔天，雖然這個網站顯
然還有一些bug，但他們竟然不只開一個新站，連原來的Dentyne.com的主要官方網站，也換
成了這個行銷網站了！

你可以過去看看，一過去他馬上就告訴你：「此網站將在3分鐘之後自動關閉」。

驚，什麼？

進去該網站，他不是騙你的。右上角還真的就有一個大大的「計時器」，告訴你只剩下幾分
幾秒，一秒一秒的數下去，嘩，這是我生平第一次看網站這麼緊張的說！有趣的是，雖然整個
Makefacetime.com是朝著「不上網」的訴求而來的，但我認為它卻是一個很有趣的網路行銷
案例，它成功的抓到一群極有爆發力的「種子」。

怎麼說呢，首先我們
先來看，Dentyne這些老
品牌已經存在了超過一百
年，其實，口香糖根本從
末是人類所真正需要吃
的東西，其實也不令人上
癮，那口香糖是怎麼混這
麼久的？靠廣告！口香糖
的行銷，向來都很具「教
育性」，基本上就是抱著
想「徹底改變」消費者的
行為而來的，它從形象開

始，後來開始轉為訴求「功能」（functional），近二十年來，大家熟悉的「口香糖廣告」都是「功能」的訴求比較多，譬如，訴求著嚼口香糖可以口氣清新，之前還有的訴求是可以讓嘴部運動、讓牙齒健康等等。但，這次Dentyne的行銷，可以說是繼續口香糖的野心十足的廣告文化，但它也等同於把口香糖的廣告，再次從「功能」層面拉回到「情感」層面。

拉回情感層面，會不會太「虛」？不但沒有直接的功能訴求，反而還跑去攻擊了大家最熟悉、最新潮的「網路」，這樣會不會讓Dentyne反而變成「全民公敵」？尤其口香糖產品的主要目標客戶剛好就是20歲以下的年輕人，而這群年輕人正好就是最黏網路、最不能沒有網路的族群？會不會畫虎不成反類犬？

報導提到，連Dentyne的行銷主管也以「大賭」（gamble）來形容這次的「不上網」行銷活動，他們似乎也沒辦法，因為Dentyne的王牌Ice與新出的Fire口香糖，近兩年來的銷量分別倒退了9%與26%，這次冒險也要「背水一戰」。

然而這背水一戰，我覺得可是相當成功，成功到可稱為2008年的最佳網路行銷活動之一！瞧瞧報導說，已經有一些客戶在看到廣告後回應給Dentyne：「我們已經在網路上受夠了那種『假假的親近』（pseudo-intimacy）！」這位客戶還讚揚Dentyne

Dentyne.com

可能已經超越Facebook，站在社群改革的最浪頭了！

　　單單從這個回應，便可看出這些「種子」其實是憤怒的、是不情願的、是無法接受的！他們是「憤怒的火種」！他們願意接受Dentyne的號召，號召來幹嘛？透過「互聯網」，透過這個3分鐘後自動銷毀的網站，來發佈出去！

　　看看這個MakeFaceTime.com，包括三個簡單但重要的功能：

　　一、「Face Time Request」功能，讓你可以寄信給一些朋友，跟他們說，你受夠了網路了！好久沒見面了，出來真正見個面吧！這招其實就只是普通的轉寄工具，但上面架了這麼一個「下網、見朋友」的訴求，感動了許多人、策動了許多人，這個功能可望幫助此網站莫名其妙的一傳十、十傳百的散佈出去。

　　二、「Face Time Finder」功能，讓你可以在每個城市中，找尋想「出來見個面」的網友，這等於是「Speed Dating」的功能了，有趣的是，「認識不認識的人」，正是網路上至今最誘人、也是Dentyne整個活動抨擊火力最集中的地方，結果Dentyne卻用這個地方來吸引更多人使用MakeFaceTime.com，高招、高招。

　　三、它舉辦了一場「徵文比賽」，讓大家來貢獻他們覺得平常和朋友在一起面對面，會比在線上好的「理由」，贏的前三名，可獲得私人遊艇與小島的旅遊券，而報名的前1000名可獲一件 Dentyne的T恤作為「參加獎」。這個普通的行銷活動，更是把這一群「理論上存在」的「種子」給「誘出來」，要他們填名字、填聯絡方式、填email，讓Dentyne以後更牢牢的掌握了這一批「種子」，以後可以繼續對他們煽動、運作，讓他們一起promote這個「不上網、面對面」的新主張。

　　我覺得Dentyne的網路行銷策略，是某種「先找到憤怒的一小撮人」的行銷，別小看這一小撮人的力量，透過網路的操作，讓這一小撮人可能先掏錢出來買產品表示認同，一邊幫你打口碑，然後一傳十、十傳百，爆炸！

# 五個亮點
# Macworld

by Mr. 6 on January 21st, 2008,
目前有 5 則留言,
View blog reactions

　　2008年一月,MacWorld如期在舊金山舉辦,我剛好到了現場,於是寫下了我對MacWorld的五個亮點,也為這個每年必報的年度盛事,整理出它為何可稱作2008年最重要的場合之一。

　　所有入口處的落地大窗,都掛上全黑的三層樓高的巨大布簾,寫著今年最吊胃口的那行字「2008, There is something in the Air」。展場裡還是人山人海,人潮未退,努力的找Air在哪裡? Air在哪裡?馬上就發現,不必找了,眼前有一位正在玩,旁邊也在玩,旁旁邊也在玩,原來有一條好長的桌子,上面全都是Air。每一台Air旁邊皆配有一位穿著和Steve Jobs一樣的黑T的工作人員當「保鑣」,一邊保護Air不被人拿走,也保護人不要被Air的尖邊給畫到手腕(這是笑話)。如果把每台Air都比喻成公共廁所的便盆,這是我看過最大的公共廁所,每一個位子都站著人,我得見縫插針才搶得一個位子。而Air實在是很簡單的一台電腦,它只有四個孔,其中一個是插座,三個分別是USB 2.0、Micro-DVI、耳機孔,既然這麼薄,那孔怎麼裝上

去的？它其實是利用從尖邊到真正的厚度之間的弧度，在那邊藏孔，就算插了東西依然能平放。看到這麼簡單的電腦，大家問的問題也變得很簡單，這些工作人員針對每個問題，好像都已經回答幾百次一樣的倒背如流，一邊應付像我這種的特殊要求與「她」合照。

我不是一個MAC user。從來不是。所以我來Macworld，其實程度就像小學生一樣。雖然我有點遲，只剩一個多小時可以胡亂看看，但我有幾點「非蘋果」的小發現，提供給大家參考：

第一，蘋果更大眾化：這場會議將蘋果的魅力展現無遺。我發現，尤其是到最後一天，許多看起來「不是技術人」的一般民眾，都出現在展場。蘋果公司寧可派一大堆解說人員在旁邊，要求觀眾以電腦來sign in，一方面展示蘋果電腦效能，一方面大概也好收集一些只有電腦才方便收集的點選型資訊。從擺的攤位也可發現，許多都是賣袋子的、賣喇叭的，個個都是設計精美的藝術作品。蘋果電腦現在已經完完全全變成「有型3C」的代言詞，整個展場簡直像百貨公司，或現代美術館，一點也不像是科技的展場。以族群看來，蘋果的使用族群可能漸成「U」字型，也就是極高階使用者因為穩定度或反Wintel或各種原因使用以外，極初階的使用者也因為只想有一台炫的3C產品而成為蘋果死忠者。

第二：攤位組成方式：展場中有一區基本上是一個又一個「三角型攤位」，這些攤位只能擺放一台電腦，讓兩個人坐在三角型的兩邊，第三邊做成矮牆可以張貼產品DM。預設觀眾是朝著三角型的尖端走過來，站住，一邊看著中間的產品，一邊和左右兩邊兩個人對話。這種攤位組成法從前在JavaOne或 Oracle OpenWorld這種都看過，但突然想起，在台灣似乎沒有看過這樣的擺攤方式？好處是對展場來說省空間，對參展公司來說也省成本，對觀眾來說逛起來比較輕鬆自在。或許可以參

考看看。像NetGear這種大公司都只包一個小小的三角型攤位在那邊。

第三：周邊創意家也跑來擺攤：有些幾乎和蘋果電腦已經完全沒關係的，也跑來擺攤。譬如叫「Jack」的小小的藍人，可以在上面纏繞耳機線，一個賣8元（台幣200元），佔一個蠻顯眼的角落。由二男一女的舊金山年輕人創辦，2007年十月才推出，目前已談好五間經銷商（但都是像MOMA的藝術型的店面）。有趣的是，在Macworld擺這麼一個相當大又顯著的角落攤位，真的合算嗎？為何他們要在這裡擺攤？想到亞洲有一些更有創意的創業家，或許大家以後也可以包一堆東西去擺一個攤。

第四：周邊服務也跑來擺攤：另外看到一個很巨大的攤位，上面寫著「Lynda.com」。我問了好幾個朋友，他們說從來沒聽說這間公司。我查了，才發現它是全球最大的Adobe系列產品的E-learning影片教學廠商，創辦人是已經有十年經歷的電腦書女作家Lynda Weinman。

目前已擁有376個題目，有26,114堂課可以上。也就是說，假如世界另端的俄國人想學美學設計製圖，不必苦著在哪找，只要在線上付費報名就可以享有一流的遠距教學。而它出現在Macworld也很有道理，因為專業的設計師大多使用蘋果電腦。但我看了有點震驚的主要原因是，Lynda在Macworld 佔

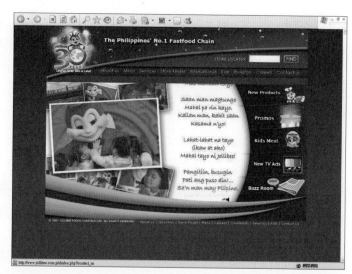

一個極大的攤位空間，幾乎比她的「寄主」Adobe還大。e-learning在全球喊了一陣子，大多是雷聲大雨點小，為何Lynda可以如此成功？是因為它本來就是要「使用電腦」的？從這邊開始思考，或許能將我們的e-learning課程推得更好。

第五：Jollibee：這點就和Macworld完全沒關係了。Moscone Center旁邊最近的一間速食餐館，正是「Jollibee」（快樂蜂）。這間連鎖快餐店由菲律賓華人陳覺中所創立，在菲律賓已有900家分店，早已拓展到舊金山，之前住在這裡便已吃過，除了漢堡炸雞以外還有賣很中國的「炒冬粉」之類的東西。以前還試過在「得來速」含糊的用閩南話念「邊絲炒冬粉」（Pancit Souttaghone），對方都可以端出他們的那盤炒冬粉。但我從沒注意過它有一間分店竟開在Moscone國際會議中心的正對面，我覺得這招還蠻厲害的，在一個舉辦著許多國際會議的中心旁租下最好的地點，一邊作生意一邊又把自己品牌昭告予全球高階人士。我在《搶先佈局十年後》曾提及，未來將有中國式的連鎖餐館和全球性的茶飲料，海外華人這麼多，假如有一間連鎖餐館可去，我們沒理由不去，現在不去只是因為它不存在，或做得不夠像快餐（如Chef Chiu和Panda Express都只是叫四菜一湯便當，無法to-go）。假如到最後，第一個紅的竟然是一間「菲律賓連鎖」，那我們這些號稱「以食為天」的，真的都要自慚了。

# 不只是「社群網路集合器」
## FriendFeed

by Mr. 6 on March 20th, 2008,
**目前有 5 則留言,**
View blog reactions

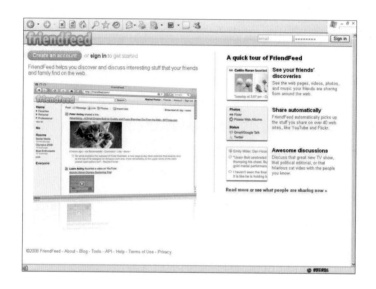

　　2008年三月，有一個新網站叫Friendfeed正式襲捲矽谷，成為網路人的新寵網站。有人將它比喻為「Twitter熱在2008年再現」，我在自己的部落格也發現有許多連結來自FriendFeed，早就已經感覺到這個網站已經興起。

　　有趣的是，FriendFeed其實常常被視為是「社群網站集合器」(social networking aggregator)的其中一種。所謂的「社群網站集合器」，基本上只是在解決一個問題——每個人同時都在好幾個社群網站有帳號，各自都有朋友。假設你平時有五個網站帳號，還得跑五個地方才能看完今天早上的新鮮事。但過了兩小時，又得再跑五個地方才能看完，很多時候根本沒東西，更多時候有東西過來，卻沒能即時看到。於是，就有一些網站譬如Spokeo、ProfileLinker、MyLifeBrand、Fuser、Profilactic、Correlate.us等等，請使用者輸入他們在各家社群網站的帳號，此網站自己進去把我們最新的資料都「扒」出來，放在同一頁面。有的「社群網站整合器」強大到可以讓使用

spokeo.com
friendfeed.com
profilelinker.com

者對好幾個社群網站同步「發佈」（broadcast）消息，至少也要把這麼多社群網站的留言都整合進來。

但，FriendFeed其實早就已經不是「傳統」的社群整合器。從名字就知道，FriendFeed很簡單，只做一件事。那件事不是關於他自己在五個社群網站的內容，而是你朋友在各社群網站幹什麼事，一條一條的隨時update給你聽。FriendFeed將剛剛那個龐大的強大的沒用的「社群網站整合器」，通通都刪去簡化為只讓你看到「朋友都在做什麼？」。而FriendFeed也是目前眾多類似網站中，算是第一個或第二個出來的，四位創辦人以前都在Google工作，一起將FriendFeed設計得非常簡單，網站速度非常的快。

其實，FriendFeed的野心本來就不只限於「另一個更強大的社群網站集合器」。看，FriendFeed現在不只打敗其他的社群整合器，它在Robert Scoble的心中已經可以取代Techmeme這個技客新聞聖地了。這些喜歡「另尋甜蜜點」的創業家，就是喜歡探索人性中那95%未知的爆點。FriendFeed猜想，這世界發生什麼新聞，或許蠻好看，但更好看的或許是，我「現在所認識的這些人」做了什麼新的事、放了什麼新照片、寫了什麼新部落格文章？這一點從來沒有網站去發掘過。不過創業家似乎感覺到了，打開Yahoo!新聞，你看到兩則新聞，一則是陳冠希準備到機場回加拿大（火紅人物做了一件平淡的事），另一則是XXX演唱會發生暴動（不紅的人發生了一件聳動的事），前面那一則，說什麼都會比後面那一則還好看。發現這點後，就不難看到，為何FriendFeed會這麼紅。

網路之所以像大腦，只有5%被挖掘，不是因為愛倡導網路創業，而是因為人們本來就只了解自己的人性達5%而已。世間60億人的連結，還有多少種潛力與可能？去年是Twitter，今年是FriendFeed，明年，可能就是你的點子！

mylifeonline.
comtechmeme.com

# 網下的「無名英雄」
# 蘋果電腦的三支小廣告

by Mr. 6 onFebruary 14th, 2008,
**目前有 5 則留言,**
1 blog reaction

　　2008年二月傳出一個有趣的成功線上行銷案例,蘋果電腦最近買了一系列電視廣告,分別給它的三個新產品iPod Nano、iPod Touch、Macbook Air。這三則電視廣告的配樂,分別找來三個不怎麼出名的小樂團。雖然歌手不出名,但歌曲卻顯然經過精挑細選,非常、非常、非常的好聽,好聽到觀眾看完這廣告,連忙回到電腦前面去搜尋「那是什麼歌曲」?

　　Compete捕捉了2007年八月到2008年一月,一共五個月時間的搜尋引擎的關鍵字,發現其中關於這三支廣告的關鍵字,加起來一共囊括100萬次以上的搜尋!其中最好聽的iPod Nano廣告中的「Feist」所唱的「1-2-3-4」一曲,單單九月份單月就吸引了42萬次的搜尋。可是,重點來了,由於觀眾並不知道這首歌是誰唱的,所以觀眾搜尋的字串大多是「iPod Nano Commercial Song」,其次是「iPod Nano Commercial」,再其次是「iPod Commercial song」,你可以感受到這些觀眾急於找這支好聽的歌,卻不知道該怎麼查,只好模擬兩可的搜尋「iPod那支廣告的好

blog.compete.com/2008/02/12/apple-ipod-music-search-ranking-2007/

聽歌曲」之類的關鍵字。

觀眾看到線下的廣告，然後到線上去「延伸閱讀」，這種廣告模式在美國還不常見，因此他們對於Apple這次廣告成功有點大驚小怪。但在台灣，這種「線下廣告引到線上官網」已經常見於公車廣告、高速公路廣告及電視廣告了，譬如「搜尋『二代宅』」，就是直接在公車廣告上告訴觀眾，來，到線上搜尋「二代宅」三個字吧。觀眾到電腦前面慢慢搜尋，搜尋引擎回覆了一大堆關於「遠雄二代宅」的廣告，按進去就到官方網站，可以馬上得到更詳盡的資訊。

更令人興奮的，台灣這種是「具名英雄」的廣告法，效果肯定不如Apple的「無名英雄廣告法」。「無名英雄」的廣告法顯然高明許多，為什麼？因為觀眾看到「二代宅」廣告，他一定要對「這個產品」有興趣，才會真的到Yahoo!奇摩去搜尋「二代宅」，因此可能有三百萬人看到這個廣告，但最後只有幾千人真的去搜尋「二代宅」。但Apple廣告不同，它在廣告iPod的同時，播放一首很好聽的「無名歌曲」給你聽；歌曲這種東西很通俗，喜歡一段美妙旋律的人，肯定遠比喜歡iPod的人還多很多；想再聽一次這首美妙歌曲的人，肯定比想知道iPod Nano在做什麼的還多很多。所以，三百萬人看到這廣告，可能有高達一百萬人都共同覺得「這首歌真好聽」，然後，他回家後，就會跑去搜尋「iPod的那首好聽歌曲」，想認識認識這位「無名英雄」。

更妙的是，這種「無名英雄」的廣告思維，其實可以在廣告中「埋」入好幾個「興趣點」，有好聽的歌曲，也有好看的美女，美女說一個謎語，謎語再提到六月山上的一場健行活動，一個廣告就會製造出好幾個「興趣點」，每個觀眾喜歡的不同，男生愛看美女，女生愛猜謎語，老人愛參加山上的活動，無論是喜歡什麼，看到這廣告後，回家通通會到搜尋引擎乖乖的搜尋。無論是搜尋「那支某某廣告的美女」、「那支某某廣告的謎語」，通通都會跑到廣告主所設定的網站去。這些「無名英雄」加總的吸引力，遠比「具名」的「二代宅」的廣告力量還大。

# 網上的「購物台限量採購」
# 艾瑪集購鮑魚

by Mr. 6 on May 9th, 2008,
**目前有13則留言,**
View blog reactions

艾瑪是台灣最大的美食生活部落客之一,於2008年五月,成功的在3小時內湊合了10萬台幣集購母親節阿一鮑魚。這樣算起來,假如讓艾瑪24小時都賣,她三年可以做到$876,000,000的生意,八億七千六百萬台幣,已經接近十億台幣了。

會知道這件事,話說五月某天下午,我收到艾瑪的訊息,連到一篇她寫的文章,寫著「團購,阿一鮑魚母親節集購」。艾瑪給我的訊息中還有一句話,「如果有需要的話,密碼是 xxxx」。

哇,阿一鮑魚?母親節要給媽媽最好的東西,平常煮不到也買不到的,阿一鮑魚自然是最棒的選擇。阿一鮑魚的 SOCHANNEL推出團購,原價是2480,若集到20份則成1860,若集到50份只要1810,等於只有原價的七折了。艾瑪自己想買,很早前就問廠商,想說憑她部落格的超級人氣,五十人集購當然肯定沒問題!但沒料到自己很忙,一直沒有PO上來,忘忘忘到昨天早晨,丟在那邊就沒管了。由於很多是公司行號的員工訂的,週六沒上班,所以必須趕昨天下午五點前交

wretch.cc/blog/amarylliss
sochannel.com.tw/cgi-bin/public/ahyat

進訂單，才能在今天將新鮮的阿一鮑魚送到！

　　到了下午，約莫期限的三小時前，艾瑪才終於有時間「推」一下這個集購，她開始利用各種管道，推廣這個訊息。到最後，她就像電視購物主持人，不斷的喊目前的數量，「目前是49隻。」

　　「等等，已經51了！」

　　終於超過她所要的門檻，艾瑪可以送單了。

　　「等等，」她突然又說，「某網路名人加兩份！53了！」

　　這是艾瑪很久以來第一次做這樣的促銷活動，純粹是自己想買，然後又因為「趕時間」，意外的做出類似「購物電視台限量搶購」的效果，造成尤其最後一小時劈哩啪啦突然就過了門檻。羅馬不是一天建立的，部落客在這塊本來就早已有了優勢，看起來部落客只在寫文章，其實是建立一個社區（community），有人留言，有人悄悄話，好一點的就留email，留msn、twitter……部落客就像一個大姊頭。不過現在的部落格平台，很少讓艾瑪可以做這樣更有時間性、私下性的促銷，這是一個很棒的創業機會。

　　不過，這種機會，台灣還有多少呢？

# 「買菜網」重生
# 從美國到台灣

by Mr. 6 on  June 10th, 2008,
**目前有**11 **則留言,**
View blog reactions

2008年六月,台灣開始流行一個叫「是管家」的買菜網站,讓辛苦的媽媽們不必出門,在家用叫的,新鮮的菜直接送到家!媽媽們說,這地方有點貴,但對於住在較偏遠地區的網友,可說相當方便:目前只服務台北市與台北縣大部份地區,而且據另一位媽媽說付款也很方便,一周結帳一次,以繳費單到便利商店便可付款。我看了很是興奮,足見「是管家」這個買菜網真的是有備而來!

為何說「有備而來」?因為買菜網曾是美國網路界最大的一塊野心,也是最大的一次跌倒,曾經很紅的買菜網站Webvan,是網路泡沫化的主角之一。不過,其實,「買菜網」仍是一個有需求的點子,前陣子在大陸也看到一家「南昌網絡菜場」,由三個大學生創立,現在已到12人(許多可能是下崗工人),平均一天取得80份訂單,最多達200張訂單。有沒有發現?這些新的線上買菜網與當年美國的Webvan最大的不同,就是很堅持「從小生意開始」,首先做到的就是「零

yasir.com.tw
oneclickgrocery.com

庫存」，而且「限定一個小地區」，有的甚至不堅持「馬上送」……這時候，我們才突然發現，天！「買菜網」這個在美國網路界曾變得「人人喊怕」的「巨大點子」，可以像Webvan那樣做得如此失去控制，卻也可以做得非常的簡單。

無獨有偶，美國在2008年同期也出現了幾個成功的「線上買菜」網站One Click Grocery、America Grocer，激起我的興趣，想再來研究一下這些買菜網的最新做法，譬如其中一家One Click Grocery，於2004年便已創立在紐約州的Syracus區。當初這個小型買菜網只有三個地點，全都在大學校園的旁邊，因為它看準了「大學生許多沒車」，而紐約州內陸的大學校區又常常離超市很遠！One Click Grocery也只是幾個大學生創辦的，做的就是他們母校的學生「Syracus大學」的生意，靠這麼一個校園，吸引了大約700名的「固定客戶」，一個月就達到了7000~15,000美元的收入，後來他們將One Click Grocery延展到鄰近的康乃爾大學及康州大學，學生量增加大約2.5倍，生意做得更大了。

最有趣的是，One Click Grocery規定很是嚴格，每天只在下午6點之前收訂單，隔天才會將魚肉青菜送達家中，而且，周二周四不送貨，讓人員可休息。有人下訂後，他們的做法是「工人勞力」，每天下午六點，網站將所有客戶要買的東西給統合起來，列印成一張超大的「買菜清單」，交給他們的小弟親自去當地的超市購買！買完了以後，再一起打包，然後隔天送到對方家裡（冷藏的部份我就不確定了，或許是向該超市借用冰箱一角）。而且，One Click Grocery還規定每次至少要買25美元才會運送，而他們不收「運費」，自己從每個商品的定價中取得利潤（同「是管家」）。不過，美國有個好處是，客戶都會給送貨小弟一些「小費」，站方只需給小弟時薪即可確保好的服務，因此目前最重的「非人事成本」只有廣告費用，他們靠在當地報紙與校園報紙登廣告來吸引學生。

於是，2008年，「買菜網」宣布成功重生！不大，但買菜是人人需要的事情，我們才發現，原來它最被需要的地方就在人人忙碌的城市裡，而且，很可能只要幾個大學生，就做得起來。原來，曾經在大家心目中最難做的一個網站，竟是最好做的一個網站！

# 主流媒體的Web 2.0化
# AOL的全球大實驗

by Mr. 6 on April 14th, 2008,
**目前有 12 則留言,**
1 blog reaction

aol.tw
tw.info.yahoo.com/today
weblogsinc.com

2008年四月，美國網路四大天王的AOL，終於登陸台灣，於四月悄悄開站。如果AOL這次是玩真的，那麼，這將是美國網站GAMY「四大天王」第一次正式在台灣「全員到齊」。

我認為，不要小看AOL台灣。它做的事情會很有趣。

自從AOL於三年前以2500萬美元買下了部落格媒體公司Weblogs, Inc，已對本身作過大整頓，現在不再只會請記者，或找來編輯處理購買來的新聞與雜誌內容，它另外還學會一招：「花錢請來平民部落客」，但，它和台灣這邊的Yahoo!奇摩摩人有些些不同，這個堪稱為美國版的摩人新玩法，AOL本身根本將入口網站的新聞命脈與「部落格」深度連結，比如它的「財經首頁」，頭條就來自bloggingstock.com，這是Weblogs, Inc.旗下的部落格之一。而它的「美體」首頁，許多文章則來自旗下另一部落格thatsfit.com。

而AOL顯然也從部落格也得到了入口網站的「利基型」（niche）的新經營密法，據說AOL印度分站剛進印度時也是競爭激烈，AOL將火力集中，開了寶萊塢、板球兩個特殊主題館，這兩館顯然是印度的特色，也讓AOL成為第一個在搞這兩個主題館的洋和尚入口網站，果然一搞人就全來了，再叫他們順便看其他新聞、玩其他工具，就不難了。

因此，AOL台灣，現在看起來「只」是一個剛醒過來的新入口網站？其實它是一場全世界大實驗的一部份。AOL與Time Warner結合可動用的傳媒資源之多，非常嚇人，它卻還這麼積極的去拓展Web 2.0時代的新媒體風，現在，它在全世界四處開站，又延續這個風格，如果說全球有誰最力推主流媒體Web 2.0化，最有效率且最有sense的應該就是AOL了。

# 「搜尋引擎＋部落格」等於？
# Google買下Tatter

by Mr. 6 on May 8th, 2008,
**目前有 6 則留言,**
3 blog reactions

web20asia.com/321
naver.com

2008年九月，Google宣布該公司今年第三樁併購案，買下韓國的BSP「Tatter and Company」（簡稱TNC，我們就叫Tatter），興奮的創業家也在網誌裡自敘，他們這間Tatter，等於就是韓國版的Automattic與Wordpress，推出開放原始碼的部落格平台，自己也host。但，一個搜尋引擎公司突然買下Tatter，在一個3000多萬上網人口的國家，你相信就只有這樣？

Google在日本、韓國、台灣、大陸，通通都處於迥異於北美的嚴重落後狀態，而且皆是落後於「似Yahoo!」的入口網站，在韓國是Naver、Daum、Nate。這個奇特的落後狀況，讓Google在這邊的每一個動作，都有可能沿用到其它地區。一旦它整合進韓國市場，有可能就將同一套帶到其他市場，換句話說，這起併購案對美國不見得會有什麼改變，但是，說不定明年Google就會推出Tatter中文版？

或許Yahoo!奇摩加上「知識+」是錦上添花，就算「知識+」已經多強，它為台灣Yahoo!奇摩搜尋的龍頭地位又加多少分，外界很難判斷。但，在競爭激烈的韓國市場，當年Naver可真的是靠它所創始的「知識」來更鞏固它搜尋引擎的地位的！所以，Google或許企圖藉由「揀一個BSP」，將內容整入搜尋引擎，如同知識被整入搜尋引擎一樣，以扭轉它在東亞的落後地位。如果此事成真，Google真開始用這種方式讓內容進入它的搜尋引擎，可能在搜尋一個字串後，就直接跳出部落格挖出的內容給你，甚至指出此人的朋友總數、流量……等等來排序之類的。到底「搜尋引擎＋部落格」會是怎樣的一個產品？它對部落格的世界又會造成什麼樣的影響？這是落後的Google，2009年或許有機會帶來的大好戲。

# 正統媒體開設vlog
# TechTicker 和Fastcompany....

by Mr. 6 on  February 12th, 2008,
**目前有 8 則留言,**
2 blodg reactions

finance.yahoo.com/tech-ticker
gigaom.tv fastcompany.tv

2008年二月,Yahoo!推出一個叫做「TechTicker」的財經影音內容節目。Yahoo!在Web 2.0從未成功過,它在1.0的媒體力量不容小覷。節目主持人確定將由曾惹上官司極受爭議的Henry Blodget 擔任,搭配智慧型美女Sarah Lacy,加上Paul Kedrosky等等。周一到周五,他們都會製造大約10~20則短片,每一片的長度大約在1~2鐘左右。

TechTicker的定位,就是「正統媒體所開設的vlog」。它不需要網友共製,在第一天馬上就可以發揮效果,說不定下周就變成每天100萬人的網站。直接聯想到的競爭者,包括由加入創業雜誌Fast Company的知名部落客Robert Scoble所做的「FastCompany.tv」。還有原本的網路部落客Om Mallick所主持的「GigaOm TV」,風格以沉穩無聊著稱,另外還有WallStrip也是以幽默恢諧的風格「講股」,當然還包括大家都愛的RocketBoom。不過我還蠻看好TechTicker,首先是因為Yahoo! Finance在網路上的絕對市佔,也因為它找來「對的人」,目前看題目就知道,這個「新媒體」打算打一場硬仗,在其他地方我們不敢說,但在媒體方面要打硬仗,Yahoo!自有它的優勢與機會。

不過,正統媒體綁得住資源,卻綁不住「人」。Yahoo! TechTicker才開,三月又要見到FastCompany.TV開站,重點是要看看,這些「懂觀眾」的「正統媒體」,怎麼做YouTube型的短片?主題講的是財經,卻用美女與幽默的面對面談話,搶走電視機前的觀眾?然後,我們會發現,這一波又訓練出一批「影音媒體人」,以及一批專業的後製修稿與劇本寫作人員。接下來就是看這批人要去哪裡創業,以及我們能不能與這些人攀上關係、交個朋友。

# 六贏的行銷活動
# 百萬部落客

by Mr. 6 on April 23rd, 2008,
**目前有5則留言**,
view blog reactions

mb.emailcash.com.tw/final.asp

　　台灣這邊於2008年四月舉辦的「百萬部落客」大賽,從2007年底開始,每一週選出一個週冠軍,票選進入季後賽,從16強一路刷到剩2強,在2008年五月四日之後,由貴婦奈奈與超感動兩人力拼,最後由貴婦奈奈奪下100萬元台幣的現金,和「超級星光大道」的林宥嘉所拿到的金額是一樣的。你會說,哇塞人家是電視台,我們是網路公司,竟然這麼大方?是真的嗎?

　　針對這點,特別再斗膽跑去問了百萬部落客製作人。一百萬給出去,得回來的效應至少「要有100萬的價值」?他淡淡的說,「已經回來了啊。」

　　此後解釋了一小時,我拍桌,妙!百萬部落客真的是一場值得參考的成功「六贏」行銷活動,這「六贏」包括了拿到百萬的部落客、沒拿到百萬的部落客、周邊商家、觀眾,還有主辦單位,通通都贏,通通都抱大獎回家。你說,一二三四五,咦,還有一贏咧?製作人竟慷慨有詞的說,「社會啊。」從命題就看出,這是一場溫暖的活動,讓社會也得到好處,比如「喝酒不開車」的作文,主辦單位已將部落客的作品轉給台北市交通警察,說不定他們會利用這些作品來宣導。

　　100萬元,對一般人感覺真多!但,製作人表示,100萬元其實是從原本要給母網站EmailCash的行銷預算中撥出來的,「百萬部落客」活動的行銷成效計算,就拿總獎金「100萬」、周邊獎金、加上媒體購買廣告成本,除以(divided by)此活動取得多少位新會員,得來的,就是每一個會員的「加入成本」。從這角度來看,「百萬部落客」的每個會員取得成本之低,目前堪為業界數一數二成功案例!

# 企業「包養」網站
# 庫妮可娃與K-Swiss

by Mr. 6 on July 1st, 2008,
**目前有9則留言,**
view blog reactions

kournikova.com
coachwooden.com

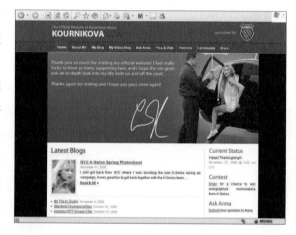

　　我2008年以來一直想推廣的事,叫
「企業包養Web 2.0網站」。這一切從
網球女將庫妮可娃(Anna Kournikova)
開始,她於2008年五月宣布她的官方網
站「kournikova.com」重新開站,讓許
多網路人耳目一新,因為它是少數的在
球員身上貼了明顯企業標誌的官方網站
——右上角的明顯位置,擺了知名球鞋
商「K-SWISS」的商標,仔細看看整個
網站的看觀(look and feel),也完全緊
跟著K-SWISS的那藍色與紅色的企業識別系統(CIS),一不小心,會以為庫妮可娃是K-SWISS
的「分公司」!

　　這,就是目前歐美企業贊助的最新做法——將一個網站整個「包養」下來。

　　其他案例還包括,NCAA籃球隊教練John Wooden的官方網站,顯然被麥當勞整個「包養」下
來,麥當勞幫他製作了一個很炫的Flash站,「M」標誌則出現在右上角。另一新創網站PopURLs
則新開「IT分館」,整個站面由英特爾整個「包養」下來,加入兩個英特爾文章區。

　　我想,如果,企業願意像包養庫妮可娃那樣,包養一個專門救流浪狗的網站,養幾個創業家。
不但可完成其「企業公民」(corporate citizenship)的使命,假如網站真的「做起來」了,五十
萬人天天使用它,對企業來說,亦多了一個有力的行銷平台!看看庫妮可娃官網,它的主角仍是
「庫妮可娃」,並不會因為K-SWISS介入而變調,而下次女網愛好者到球具店買東西,一看到
K-SWISS球鞋,自然馬上想到庫妮可娃。諸多好處之下,企業真的可以開始思考,「包養」這些
擁有大力量的Web 2.0網站的可能性。

# 幫年輕人向認識的長輩借錢
## GreenNote

by Mr. 6 on June 6th, 2008,
**目前有 11 則留言,**
1 blog reaction

greennote.com
qifang.cn
fynanz.com

2008年六月有個網站GreenNote宣布開站,做的是「學生貸款」。這個點子顯然是2008年的新寵,在2月時,已先有一個ABC回上海開了一間「齊放」(QiFang),3月在美國又出現了一間「Fynanz」,GreenNote已是短短幾個月來的第三間「學生貸款平台」了,因此華爾街日報高呼,線上學生貸款,即將刮起炫風!

但,GreenNote竟然可以以再也平常不過的利率(6~7%),去做這個學生貸款平台,那你說,GreenNote找得到「給錢的人」嗎?呵,GreenNote說,他不必找,由那些缺錢的學生「自己找」!

原來,GreenNote壓根沒打算「撮合」好多人與好多人,他們不當自己是「平台」,而當自己是「工具」。其他的P2P信貸網站都是從雙方同時下手,但GreenNote卻要雙方自己透過本來的實體人脈,找到對象。GreenNote強調的是「幫助你『已經認識』的學生」。對學生來說,GreenNote就是讓你「從『相信你的人』身上得到學費貸款。」

一般會認為,「我就直接向張杯杯借錢就好,幹嘛還需要GreenNote?」但注意,即使張杯杯

是個熟人,像熟橘子一樣爛到紅通通的掉在地上,但,一碰到「借錢」這種事情,他仍是有需要先了解一下,而網站可以提供一個很好的了解工具;你也需要了解一下他目前的狀況,網站是最好的通報工具;而他或你都需要一個平台來找來其他幫手,網站就是最好的聯繫工具,最後,他和你最好也有一些正式的契約,網站就是最方便的「正式化」工具。

# 處理資訊爆炸問題的超簡單點子
# Google Moderator

by Mr. 6 on June 6th, 2008,
**目前有 11 則留言,**
1 blog reaction

moderator.appspot.com

　　2008年九月,Google推出了一個小產品「Google Moderator」。表面看起來,Google Moderator只是一個讓人「指定問問題」的大平台,它分成好幾個「系列」(series),譬如包括「問世界上領導者」、「美國總統大選」、「問一個Google工程師問題」,每一個系列下面,還有不同的「主題」(topic),每一個主題,就有該主題的相關問題,使用者除了問

題以外,也可以「推」或「埋」一個問題,而這些問題就是以群眾推埋的次數來排序的,最多人想共同問的問題,排在最上面。

　　聽起來,好像沒什麼了不起,充其量就只是一個可以推文的討論區是嘛?不不,關鍵是在那個「主題」的運用上。

　　譬如,在「問一個世界領導者」的問題中,這些「主題」,其實就是每一個世界領導者的名字;但是到了「問一個Google工程師」的系列中,那些「主題」就變成了每一個Google工程師的名字。這就妙了!譬如你點入「喬治布希」,目前最多人問的的題目是:「你希望以後被以什麼樣的方式記得?」目前有135個推,19個埋,所以排第一。但另外有一題就很不客氣的問:「當你卸任後,願意離開美國,並且終生繼續保持離境放逐(in exile)的狀態嗎?」

　　從以上可看出,若讓這些「主題」變成「人」,Google Moderator就變成了所有的大型座談會、大型公司內部會議的最佳幫手,讓大家可以針對問題來投票,選出大家最想問的問題,就可以在這眾多的問題中排出先後順序,大主管、講者再一題一題的回答,有效率多了。

# 新圖庫網站
# GumGum

by Mr. 6 on May 6th, 2008,
**目前有 2 則留言,**
1 blog reaction

gumgum.com

2008年三月,有個新圖庫網站GumGum宣布開站,它是以一種極有創意的「Flash秀圖、CPM收費」來授權圖檔,後來在短短一個半月內吸引了高達100萬張。

GumGum的模式,就是亞洲的音樂創作者熟悉的「KTV模式」,觀眾點一次歌,業者才必須付一次費。GumGum讓一般網站可以隨意使用攝影師的照片,只要放照片處嵌入一塊flash,讓那個flash動態從GumGum抓圖來播放,有人「看」才要收費,看一次,就收一次。比如我拍了一張飛碟照片,大家現在都可以在網站裡嵌入這張飛碟相片,不用立刻付錢,不必耗時談判,有人進來看,再付費給攝影師一次。攝影師從此可以甚至比從前都更大量的去亂拍照,參加各地專業的展覽,拍照以後,大量的送到GumGum,或許從來沒有一張圖片真的很吸引大眾?沒關係!只要每一張都有一些小眾來看,一點點,一滴滴,攝影師有機會「累積」到不錯的收入。這間GumGum,將從前圖庫網站的「雙長尾」發揮得更深,可以說reach到更細、更狹窄的「更尾端的長尾」。

值得慶奮的是,其實GumGum的兩位創業家顯然都不是「圈內人」,只是看到這個點子

有機會,就拿錢出來幹下去了,目前GumGum也得到幾位高手輔導,包括成功創業家Michael Jones、以及PayPal幫之一的David Sacks等,策略非常穩健,接下來的計畫,GumGum準備開發「影片」端的授權,且準備開發新的API,讓其他圖檔公司也可以輕鬆透過GumGum式的交易來分享他們內部的照片,非常值得期待。

# 「生活串流」與「品牌串流」
# 兩個新詞彙

by Mr. 6 on September 4th, 2008,
**目前有 10 則留言,**
view blog reactions

2008年九月,全球互聯網重鎮美國矽谷再次喊出兩個新單字,說明了今年的Web 2.0網站之中的兩個新現象。一個叫「生活串流」(lifestreaming),一個叫「品牌串流」(brandstreaming)。

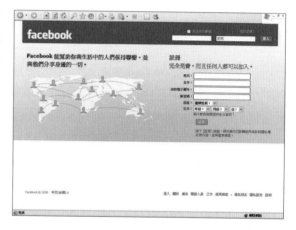

「生活串流」,指的是像FriendFeed這種服務,這種服務讓網友只要向站方登記自己的線上帳戶,其他朋友只要訂閱,便可收到對方在網路上所有的作品,等於也就是讓你的「生活」點點滴滴,照片也好、短句也好、長文也好,通通都可以源源不絕的「送」到你的朋友的眼前,這就是一種「串流」不是嗎!只是,這「串流」不是每分每秒,通常是每小時看一次,或每天看兩次之類的。

而「品牌串流」,則是某種特殊的「生活串流」,將企業的品牌,搭在「生活串流」的順風車上,送到每個網友的眼前!

一年前,「品牌串流」才剛開始,主要發生在Facebook與Twitter兩處,譬如在Facebook製作一個「Page」,就是在作「品牌串流」,每個粉絲在page中的動作都透過minifeed傳送到更多人的眼前;另外還有Twitter,許多公司自行申請一個twitter帳號,讓其他人可以直接以「@公司名」來問問題,亦可隨時得知這間公司每一筆新訊息與每一次問答。這兩個單字,成為今年的網路行銷研究者值得好好深討的新字彙。

# 為女性網友服務
# 3個創意新站

by Mr. 6 on S August 18th, 2008,
**目前有 5 則留言,**
view blog reactions

SavvyAuntie.com
Wowowo.com
DivineCaroline.com

　　根據ComScore於2008年五月的統計數字,美國女性網站的到達率已達8500萬名拜訪者,和2007同期相比,成長幅度高達42%,其中幾個指標性的大型女性網站,更有「巨幅成長」,如GlamMedia成長了143%,AOL Living成長了93%,Everyday Health成長了92%……個個都是成長了幾乎整整一倍之多。

　　注意,這不是一個網站的成長而已,而是好幾個網站共同的成長。一個產業在一年內成長一倍以上,表示這是一個正在快速起飛中的產業,也表示這個「女性網友」正經歷著巨大蛻變。當然你會說,美國的女性網站成長,亞洲的女性網站不見得用同樣的方式、同樣的速度也要跟著成長,但,我寧可相信這是一個機會,會繼續研究,看看怎麼把握它?

　　2008年,有三個新創女性網站可供參考:第一個是SavvyAuntie.com,告訴年輕的姑姑如何送禮物給姪子姪女,順便可以與其他的未婚女性男性交流。第二個則是Wowowo.com,是一個「正經」的女性網站,由好幾位美國的資深女性媒體人所創辦,有點「女性CNN」的味道,主打男性網站觸摸不到的題材。而第三個則是DivineCaroline.com,將女性家裡祖傳的不宣之秘,告訴出來,互相分享學習一下。

　　2008年這篇消息出來後,我們可望在2009年看到更多的女性網站的誕生了。

# 更多的紅想法 more Ideas....

Twitter買下了位於美國東岸的搜尋引擎Summize，併購案總價是1500萬美元。Twitter才剛剛於2008年5月募到新一輪的創投資金，其總金額剛剛好就是1500萬美元。這表示，Twitter竟然把所有的募來的錢，幾乎全部投在一家公司上，希望Summize來為Twitter，完成最後一塊遺忘的拼圖！

Summize專司的是對話搜尋，twitter可以利用它，對每天來來去去的龐大內容作一番indexing整理，這些資訊，恰恰是twitter最強之處，此後，面對任何一個關鍵字，都能快速且準確的回報搜尋結果。twitter肚內的網路資訊，因此可作一些更高價值的運用！

2008年3月有個叫「Xoopit」的服務開站，此網站雖沒有Paul Allen，但也已經募了高達500萬美元（台幣1.6億）的資金！它是和API非常充足慷慨的Gmail作整合，讓你可以將你繁多的email信件往返中的「所有照片」自動整理出來，你的朋友有時候只是寄一個連結而不是照片給你？沒關係，Xoopit看得懂Flickr、Picassa、Shutterfly、Kodak 等相簿網站以及YouTube的影片超連結，直接把那些照片調出來貼在你的面前。換句話說，你可以在閱覽某人的email的同時，順便就一起瀏覽和此人交換的哪些照片、影片。這個點子一起解決了目前許多照片、尤其是朋友派對過後分享給你的照片，常常被「遺留在信箱裡不知哪個角落」的問題！

《數位時代》曾於2006年初介紹到Linkedin，當時這個已開站4年的網站，在美國其實已被視為是「只差沒入棺」的夕陽網站。它的會員數不到1000萬，其他新網站則在幾個月內就超過這個數字。

但，據2008年6月的資料顯示，這個坐以待斃的Linkedin竟然回春了！目前每個月不重複拜訪人數已高達380萬人，是2007年同期的7倍；而目前總和會員數已高竄到1800萬人，幾乎是2007年的二倍。創辦人Reid Hoffman並已經宣布，計畫在2010年之前讓Linkedin股票上市。

分析Linkedin的「回春」，其實是兩部份的「改站計畫」的結果。一部份是加入新的元素，譬如新的「知識家」服務，可以在站上問與答。一部份是「學人家」，加入了似Facebook的「動態訊息」，並計畫於開放Facebook的開放式應用服務，讓使用者幫忙找點子。

Yahoo!有樣東西目前還算跑在Google的前面,這東西是「線下版的email」。之前傳出史丹佛大學即將將旗下所有email系統全面改用「Zimbra」,而Zimbra正是被Yahoo!去年以3.5億美元買下新的email產品,這次的Yahoo!線下版的email就是以Zimbra產品重新包裝、並轟動宣傳!

以網路趨勢來看,Email變成線下版,會是一個值得關注的「大動作」,其原因與後續漣漪,可分成三點來說:

一、Email是網路上被使用最多的應用。二、Email已經是許多其他網站拿來與客戶「送訊息」的「新進入點」。三、新收益模式的來臨:這是三點之中最有趣的一點。微軟的Steve Ballmer說過「廣告、廣告、廣告」,能夠在線下的環境作廣告,會是另一種完全不同的機會。這機會目前除了各家IM的廣告之外,還很少成功過,當email這個線上最大應用軟體變成下載了,是否會讓線下的廣告整個起飛?

twitter離大眾還很遠是不爭事實,給它這麼多機會,幾乎可說是沒救了。目前,我們偷偷將希望注在2008年爆紅的FriendFeed身上,對於FriendFeed我的觀點與其它人不同,我認為FriendFeed最大的價值是它「輕」多了,使用情境更廣眾,只要你有很多個朋友與他們的相簿、帳號都會使用。幾周前,FriendFeed也推出「回覆Twitter簡訊」的功能,雖然是在twitter上面一層處理,但處理到最後,說不定就不必Twitter。或許,這是機會。創業家可以來想想看,類似FriendFeed這樣,架在twitter架構之上的更好的服務?幫twitter打到廣眾,自己先有的,就是這100萬會員為基本盤。接下來的未來,不敢說會旖旎到什麼程度,但,至少不會自限前途!

硬體大廠思科(Cisco)以2.15億美元(約65億台幣)買下了一間才創辦2年的「PostPath」的小軟體公司。這間小軟體公司做的東西「只是」一個Email軟體,在收信端,它運用大量的AJAX技術,讓它長得就像微軟的Outlook,卻可以不必透過瀏覽器看。也包含了Email伺服機,希望藉Linux平台做出便宜版的「微軟Exchange」。

「Xobni」的公司是由兩大創業家訓練營之一的Expedia（另一間是PayPal）所出來開設，目前為止已募得435萬美元（台幣1.5億），它取名也就是「Inbox」反過來拼，這間公司做的就是幫大家將email信箱整理一下，讓你「重新奪回主導權」。怎麼奪呢？一般信箱都還是以「信」為主，而現在，Xobni變成以「人」為主，讓你像CRM軟體管理每個客戶那樣，去管理每一個旗下的朋友，照Xobni孵蛋一年多才推出的第一個產品Xobni Insight來看，你可以揪出一個朋友，瞬間調出你和這位朋友寫過什麼信、傳過什麼檔案，還有這個人可能與你其他哪些人曾經一起連繫（CC信過），一看就一目瞭然！令人驚訝的是，2008年初，比爾蓋茲在公開演講提到了Xobni，並且猛烈「追求」，後來，據Techcrunch說，小小的Xobni，竟拒絕了微軟的併購計畫！可見對自己這套系統的前景是多麼的有信心。

2008年有間叫「Gist」的準備開站，這間位於西雅圖的公司來頭不小，由微軟的共同創辦人Paul Allen所投資，做的事情就是類似於Xobni，只是它所秀出的東西，除了所有與某個人的信件往返、附加檔案之外，還包括「超連結」和「部落格內容」。我猜想，應該是我寫一封信給你，若裡面有附一個超連結，它就會自動整合在「我」下面，下次你調出與「我」講過什麼話的資料時，就會看到這個超連結被提出來，這樣就一目瞭然了。另外部落格的部份，我猜想每人在信後面都會留下部落格網址，Gist或許會自動去抓出那個部落格的RSS，在你研讀我的信的往返時，順便看到我最新的部落格文章，從中知道我的近況，讓你很快就可以寫一封email，與我順便問候一下。

UMASSOnline，也就是麻州大學的網路分支，傳出學生量大增。它於2008年的線上課程的報名數，比前一年狂增26.2%，達到33,900人。這個數字是連續三年增加的結果，已是正式學生的好幾倍；多出來的這一些人，再加上學費的調整，也為這間大學多帶來近900萬美元（3億台幣）的收入。

這些學生哪裡來的？他們說，從去年學年開始的所謂「混合學程」（blended program）後，學生狂增。所謂「混合課程」就是規定學生，在線上上課之餘，也要出現在「真的教室」內。來到真的教室，不是只為了考期中考或期末考，而是參與一些討論、與同學互動等等。這可以說是和現在許多線上的學位課程走完全不同的路線。UMASSOnline打中了「另一段的長尾」，那就是一群住在麻州附近，生活忙碌，想取得學歷，也想學習，但又不想「完全線上學習」的民眾。從數字可發現，這樣的「線上+線下」的混合課程，對學生來說學到蠻多的，學生學起來或許比較沒有「買學位」的感覺，有真正的學到東西。

2008年5月有間叫「ClearContext」的出馬，這個服務試圖做好多件事，其中一項是想幫我們把眾多email分出誰先誰後，哪封最重要哪封最不重要，但我不看好這個。不過，ClearContext倒有一個功能很有趣，就是幫我們整理「社群網站的邀請函」，將一些社群網站或其他網站所寄來的email，自動分類站好，讓你可以一次「全部解決」，包括Facebook、hi5、Linkedin、Bebo、MySpace，其實都常常會以某人名義寄信邀請朋友，或給朋友update事項，ClearContext可以輕易的從這些信的特徵，判斷出它們是屬於哪個網站的邀請或轉寄函，歸類後，再告訴你目前「你已經有幾個Facebook的邀請」，「你有幾個hi5的邀請」……這點很酷！

ZDNet報導，線上學習系統ePals拿到來自Intel的大禮物，Intel即將將ePal預先安裝在Classmate PC中，隨著硬體銷售通路，整個散布出去。EPal之所以能拿到這個「大禮物」，與它的策略有很大的關係。近來ePal走是「教室之間的連線」（connected classrooms），將自己定位成「線上學習的『社群網站』」，這個例子很好：「中國有一班學生在學西班牙文，西班牙也有一班學生在學中文，兩班學生用ePal互相交流、做朋友。」教室還在，老師還在。只是學生多了一些外國朋友，這些朋友剛好也想學我們的母語！ePal並不打算「取代」目前這些美語補習班啦、中文補習班啦、英語老師、西班牙老師、中文老師……等等。ePals只讓學生之間互相的交流，謹止於提供最佳的「課後教材」。至於怎麼交流？ePal的核心，基本上只提供社群網站最簡單的寫部落格小工具、對兒童安全的email系統即可，後來也加入影音對話。

ReadWriteWeb的Marshall Kirkpatrick再次刊出一篇好文，幫「網路人」找到了人生新方向。他點出了一個小公司裡可能置放的新職位，叫「社群經營經理」（community manager）。

什麼是「社群經營經理」？它是一個可以和此公司的客戶溝通的人，也是一個可以和公司內部的各部門，包括周邊的合作廠商、外包伙伴溝通的人（笑，還真是「八面玲瓏」）。所以他可能會與客服部門、行銷部門合作，甚至幫業務部門找來lead，並負責提升公司整體品牌價值與知名度……也就是「什麼都做」。那你說，大公司肯定會想，「各部門自行專業分工不就好了！」小公司則會想，「創辦人自己來不就好了？」文章對這點，隱約提供一個非常有趣的見解，我詮釋如下：社群經營經理基本上就是一個「懂得傾聽的人」，而「懂得傾聽」這件事，本身就是一個難得的專業學問。各部門各有專長與職責壓力，對「傾聽」沒有太多時間，也不見得有天份，而小公司創辦人則又充滿創業家的野勁，耳朵不見得開得很好，加上反骨的特質等等，本身也不太擅長於「傾聽」，所以這樣說來，「社群經營經理」應該真的要存在於各公司中！

JobScore。這個網站請網友貢獻出他們「用剩的」的東西。不要以為「用剩的」大家都會願意分享，1999年就聽過有點子在讓大家把家裡不要的coupon拿出來的，或把家裡沒有使用的停車場時間告訴大家的，還有把電話卡用剩的時間分享出來的……理論上來說，將「用剩的」的東西貢獻出來，拿到虛擬點數，以後可以買其他人用剩的東西，這樣的世界不是很美好嗎？但，事實證明，網路上沒人有這麼多時間，把「用剩的」貢獻出來，也沒人「窮酸」到這般田地，要去用別人「用剩的」東西。但JobScore仍回來挖「用剩的」市場，並打算直接從網路上最成功的商業模式「人力銀行」著手。

我也在找人，你也在找人，我找到厲害的人，你就找不到；所以我只要比你快一步找到人，我就可以找到比較好的人。在人力銀行上，企業會員彼此之間其實是互相競爭的關係，但互相競爭到最後總有「挑剩下的」，JobScore的噱頭就是，讓你除了找人以外，還可以和其他一起找人的徵才者，一起對求職者「評分」，並一起分享「挑剩下的」求職者。（企業的其他需求，還包括「用剩的 partner」、「用剩的外包廠商」、「用剩的辦公空間」……還有哪些呢？）

英國的BBC寫了一篇〈網民比從前更殘忍〉報導，並引述了使用者界面設計界的大師級人物Jakob Nielsen的年度研究，指出網路上的使用者現在充滿了「做一件事就走」的心態，「耐心」已達史上最低點——大師說，網友希望，網站不要再囉唆的丟他廣告或一大堆墜七吊八的豪華功能，只要「說重點就好」（get to the point）！

Jakob Nielsen說，從前的網民就其實已經很「現實」了，以致於網站競爭時呈現「Winner takes all」的現象，只有第一名能生存，而現在，從另一個方面來看，網民比從前又更現實了！Jakob引用數據表示，現在上網的使用者，知道自己要上來「做某事」的，高達75%，而這個數字在十年前只有60%。短短的四年前，仍有高達40%的網民習慣先拜訪某一個符合他們需求的網站，然後再透過裡面的連結慢慢的往下走；到了2008年，只剩下25%的人會先到某一個他們記得的網站做事，剩下的人，完全仰賴搜尋引擎的指示！

專門辦產業特展的Penton Group，在紐約開了一間叫做「Food JobZone」的新人力銀行網站，看名字就知道，這是一個專門提供給「食品工業」的求職、徵才網站。類似的網站目前在美國已經有YourFoodJobs、CareersInFood、FoodIndustryJobs（台灣也有「百彥餐旅人力銀行」）等等，有趣的是，美國的這些食品業人力銀行，許多是由一般網站製作公司所製作，或是由傳統人力仲介商所製作，因此，他們除了做「食品人力銀行」，或許也順便做「汽車業人力銀行」、「大眾運輸人力銀行」……什麼都做。這是他們的「本業」。

AskTheHat，它索求的分享，是一種更無厘頭的分享。你有時想要吃這家餐廳，還是吃那家餐廳，無法作決定？這些人平常或許因為沒什麼想法，所以也不見得會熱心去分享某某餐廳很好吃。但，他們卻有可能來到這個AskTheHat，讓「魔帽」幫你作決定。你只要告訴它你的幾個選擇，「麥當勞」、「肯德基」還是「摩斯漢堡」？魔帽會自動幫你隨機選一個。這下子，你會比較篤定了一點了，是吧？

AskTheHat不讓人覺得是「網友在告訴魔帽事情」，反而是「魔帽在告訴網友事情」。但魔帽要告訴你事情以前，你得先告訴它事情，而且要告訴它「好幾樣事情」。以數學來看，這種網站的內容，容易成倍數成長，AskTheHat每收集一個問題，便藉此順便收集一串「選擇」；你問一個問題，它就搜集幾個答案，這些在未來可以做成「延伸回答」提供給其他人。還有哪些點子，是這樣不知不覺讓網友寫東西的？

uTest，這個網站TechCrunch有報導過，Mashable亦有期許過。它就是讓網友「測試網站」，但這種站不同於已經滿街都是的「beta帳號分享網站」，特別如部落格附屬的InviteShare和SiteInvites。你每在uTest幫忙測試一個網站，找到一個bug，就可以得到一些酬勞。它把自己定位成「民間測試者和網站站方的撮合市集（marketplace）」，注意，要找到bug才能得到酬勞，企業收到bug，自己等於得到東西，因此也願意付酬勞。uTest所尋求的「分享」，是讓網友主動分享他們的智慧與時間給企業，等於讓企業「眾包」（crowdsource）無邊無界的QA工作給網友去做。

像這種「外包給網友做事」的網站，由於必須「直接付錢」給網友，因此它的重點，是雙方的一個互信系統，尤其是讓企業可以「相信網友」的。uTest的美麗之處，在於它的本質其實並不需要什麼複雜的互信系統，它早已有一套很明確的績效計算制——網友幫你找到bug，你自己可以判斷這是不是bug，真的假不了，假的真不了，你要不要付錢自己知道。還有哪種需求有這樣的特質，可以「外包」給網友去做的？新聞事件的「現場照片」或許是其一，監視一些會場臨時工讀生的工作狀況或許也是一個。

# Part 3

最紅的做法
## Strategies

# Beautiful People
## 盡量引起爭議

by Mr. 6 on June 27th, 2008,
**目前有 9 則留言,**
1 blog reaction

　　Beautiful People是一個很特別的老牌社群交友網站，基本上，它只讓帥哥、美女、型男、辣妹……外表好看的加入。每個新會員，必須讓一群由站方自動挑選的異性作審核，72小時之後才會回覆Yes or No，據說「錄取率」竟低到只有10%，十個申請者有九個會被拒絕。這個網站早在2002年創立，雖然每個國家的美麗的人不是這麼多，還好每個國家都有美麗的人，所以這個站註定要走全球化路線，目前已進入16個國家，總和會員數已達17萬人。

　　17萬美麗的人。

　　有趣的是，Beautiful People於2008年六月，終於宣布正式進入加拿大，讓我們一窺這個網站到底是怎麼搞行銷的。網站其實全球都可以申請，它已經在英國、美國，肯定也有很多加拿大會員了，所以，這次所謂「正式進軍加拿大」只是一個給媒體的噱頭。

　　這個噱頭果然有用。

Beautiful People知道自己很「顧人怨」，所以就採用一種「盡量引起爭議」的行銷法。他們在新聞稿裡甚至寫到，據調查，「長得美的人賺錢賺得比醜的人還多25%，所以，這也是個給精英專業份子交流的場合。」簡直是拿來誘人生氣的！

　　誘人生氣，有人就會寫文章，有人就會向朋友訴苦，就有人破口大罵。每次罵，都是在幫它作廣告，最後，大家還是回家去偷偷的申請一個帳號。Beautiful People果然成功了。

　　教青少女關於自我身體印象的顧問師Lisa Naylor說：「教少女這樣『外表至上』，是相當毀滅性的事。」

　　一位西門菲沙大學教女性文化的教授說：「這表示女權還有一段很長的路要走。」

　　另一位部落客還罵髒話：「這個網站不支援Firefox！意思是說，Firefox使用者都長得不好看嗎？」

　　但，也有一些帶著持平意見，譬如有位部落客說：「它是我們社會的自然產物。」

　　看完這些憤怒的加拿大人的聲音，我們也來聽聽Beautiful People站方怎麼說，這位總監Greg Hodge，本身也是超帥的型男，他認為，Beautiful People只是反映了世界的真實面目。他說，你到一

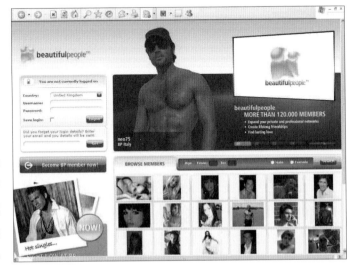

個公共場合找男女朋友，
一定會找比較吸引你的異
性，不是嗎？所以還是以
外表為評斷啊。他說，所
謂美麗不是由他們定義，
而是有眾人所見，只要通
過他們這些美麗會員的
審核，就可以過關了！他
嗆聲，我們只是讓世界上
「某些人」找到他們想要的
人，我們不怕被撻伐！

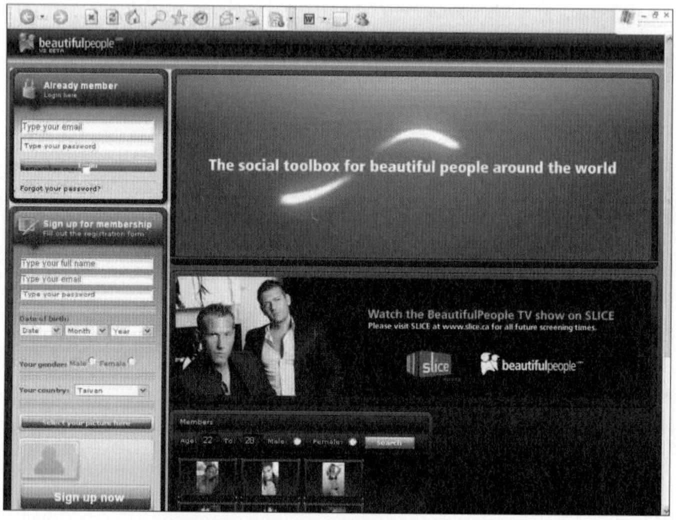

從這邊，我想到我一直
力推「弱勢男女」，希望網路回歸「內涵」的交友活動，但每次徵人召人的效果似乎都不佳。
不久前，我與同事有一段有趣的對話。我們剛在幸福點名上面推出了「李驥唯一女弟子，幫
希希出片」的計畫，收集一萬個鼓勵就可以出片，目前還沒起步，但我先問我們同事，這樣的
一位明星，Beauty版的網友，會想貼在上面嗎？

同事笑，不行。不行。然後就給我看了一下Beauty版的「水準」。

看完只有……哇！

但是，我心想，Beauty版的這些美女們，才藝有比人家好嗎？歌唱得有比人家好聽嗎？

不過，美就是美，無話可說！看「美」的人，真的是會上癮的，胃口也會愈養愈大。從前
大家看電視，電視上就那幾個女明星，說實話，這些女明星當年沒出名，將她們照片PO到
PTT上，大概也都會被噓爆了，因為明星的水準恐怕都不如現在這些「平民美女」！網路就是

這樣，讓很多「眾人都覺得很美的人」，出現在宅男的面前，所以男生們、女生們對「美」的要求，不知不覺就愈來愈高了。或許整個上網人口只有0.1%是那樣的美女，但在台灣就有1萬人，這一萬人天天被貼到PTT上，看都看不完，於是大家覺得這世界愈來愈美了，自己也要愈來愈美了。

目前Beautiful People在亞洲的據點仍少，只有在日本、新加坡而已，而台灣、大陸、香港看來都還沒有進入。如果你想等待，可以加入名單，或者乾脆先做個克隆等著它。我也很好奇，當Beautiful People也來台灣的那一天，大家又會怎麼講它。

至於我自己哩，我也想再知道Beautiful People更多一點，但不好意思，我並不是會員。我同事曾把我一張照片送過去，大概已經等了5個月了吧，到現在還沒有回應。

沒關係，就等Ugly People出來吧。我還會繼續在「弱勢男女」領域努力的。

p2pnet.net/story/16206
mjtimes.sk.ca/index.cfm?sid=147527&sc=10

# 鄰居社區網站
## 紐約竟有524棟大樓已採用！

by Mr. 6 on May 20th, 2008,
**目前有** 13 **則留言**,
1 blog reaction

《紐約時報》於2008年五月，報導了一篇叫〈They are connected〉的冗長文章，介紹了「鄰居社區網站」的成功案例，這種新網站類型讓人振奮，可說是在2008年的網路界帶來一道不一樣的思維。

怎麼說呢？目前我們看到的大多數網站都是仿矽谷的，但矽谷是個天大、地大、人大、錢大的地方，和亞洲城市很不一樣。對矽谷人來說，可以透過Amazon買到一本《哈利波特》是一種享受，但在亞洲城市裡，只要到樓下的便利商店就買得到——不過，雖然大部份的生活機能已在7-Eleven全數解決，再遠的東西也不怎麼遠，倒是，太近的地方也「沒有多近」，譬如「鄰居」。

應該說，住在城市裡，鄰居真的靠得太近了。鄰居們掛著是同一個門牌號碼，分享著同一位管理員與同一個出路通道，對外面的人來說，這幾戶人家根本就形同是「住在同一屋簷

下」。既然住得這麼近，家中小孩同樣都是二、三歲，比方說，為何不能將你的英文家教老師介紹給我，我的鋼琴家教老師給你，她們兩位老師以後跑一趟就教兩個人，請兩位老師都算我們便宜一點呢？我有一位朋友在教鋼琴，就是碰到一個好心的熱心鄰居，原本只教一個學生，後來在那位家長的推薦下，二樓、三樓、四樓通通都變成她的學生，每次只要跑一處，就教全棟樓的學生，好是方便！

而且，既然都住這麼近，表示一定有緣份。你單身我也單身，男未婚女未嫁，為何不能認識一下交往看看呢？為何不能聊聊彼此的事業，說不定有個照應呢？至少，大家集合起來也是一個力量，可以集購，要求商家打折，一起訂比薩？

鄰居的社群，或許還真的蠻好玩的！只是這需要教育一下，今天除非是吃飽閒閒的才會去參加所謂的管理委員會，偶爾出現一個「爭議法案」，為了決定騎樓下的垃圾桶要七點收還是

八點收，徵召全棟住戶投票，這時候才發現，大家若能交流也是好事！《紐約時報》這篇文章，一開始就舉出幾個例子，都是用Google Groups來交流。用Google Groups的好處是，不必記任何網站，反正人人都有email，只要將每個鄰居的email住址加入這個group，以後寄什麼大家都可以收得到。只要沒

有哪個鄰居特別愛轉寄一些有的沒的，基本上這個方式會一直持續下去。只是我住的大樓還沒有此功能罷了。

不過，一直沒有一個「網站」，成功的打出「鄰居的社群」。

也就是，一個社區，透過一個網站彼此交流？這個點子已經不新了。我曾開玩笑說，有三種網站不敢碰，一種是餐館網站，一種是叫車網站，第三種大概就是住宅大樓網站，我在舊金山曾努力想過前兩種，還實作了第一種；第三種則是在創投期間聽過太多這樣的ＢＰ，看起來推廣皆不順。住宅大樓的社區網站，大概是最多人想碰、也最多人沒做起來、充滿創業家屍體的網站類型。

而《紐約時報》的那篇文章就提到兩個去年才創立的網站，LifeAt與BuildingLink，已經成功的打出這個夢想，給鄰居使用的社區網站。

文章指出，2007年十月才開站的LifeAt，到了2008年，已在紐約曼哈頓的149棟住宅大樓中使用，它的價錢一棟付6000美元，也就是說從曼哈頓這個網站就收到了89萬美元（2937萬台幣）當管理費。大家用LifeAt做什麼？它說，每個住戶可以有個個人介紹（profile），討論區，大樓住戶間的交易市集，還有一些附近商店的折價券服務，主要也讓大樓的管理中心與住戶

buildinglink.com
lifeat.com/eleven80

可以作緊急的公告等等。聽起來沒什麼，卻已經有這麼多會員！讚！

文章也提到另一個網站叫BuildingLink，目前已被紐約市高達375棟住宅所採用，它對住宅收取的年費為一年一戶13美元，所以一棟樓平均若有100戶，則在紐約一年可收47萬美元（1500萬台幣）。不過，厲害的是，BuildingLink還包含了郵寄服務、修理服務，而這些大樓也很喜歡這些網站所提供的服務，一年一戶只需13美元，就可以讓他們的住客多了一些很先進的服務。

這些網站，究竟是怎麼成功的？創業家要怎參考一下？

答案是，先慎選大樓形態，然後從大樓方面著手，並向他們收費！

文章形容的這些公寓，不約而同的，都是紐約市的高級公寓，比如說Eleven80，它的設施包括半場籃球場、私人保齡球場、24小時小弟泊車服務……瘋了！你說，這些公寓給誰住？紐約市有太多人在金融區工作，有些公寓很是高檔，裡面住的都是高收入、懂網路、雅痞型的單身貴族，這些人，或許可堪為亞洲創業家想做起這類點子的基本使用者模型！

但這些人平時忙於工作，也不會去理這些新的網站，實在需要有「某個人」，把網站好端端的做好後，再端到他們的面前！這時候，這些雅痞公寓的開發商，反正正打算為他們自己加入一些「加分題」，網站創業家的優勢就來了！

LifeAt、BuildingLink顯然都去找那些公寓的辦公室，尤其有些甚至還在興建中的，由於網站在人們眼中本就帶著「先進」的形象，這形象可以為房子加分不少，這分數一加，就是讓它多了一個客戶，多了一個客戶就是多了500萬元的收入……所以對這些人來說，網站很適合拿來當作「打開錢包的最後一根稻草」，打入客戶的心。網站創業家跑來找這些公寓，一拍即合，馬上讓它加值！

現在，除了將紐約市的524棟住宅大樓的網站成功經驗複製回到亞洲以外，鄰居之間還有哪些點子可以做？

還有哪些網站，是可以搭著這些想為自己硬體加值的建商，透過他們號稱的光纖到府，順勢提供給這些「未來的鄰居」的？

# Portomedia的網上kiosk
# 當你的人口不夠多的時候⋯⋯

by Mr. 6 on March 5th, 2008,
**目前有 9 則留言,**
view blog reactions

　　2008年三月,一間愛爾蘭新創公司Portomedia宣布,正式推出全球第一套,透過在超市、機場、購物中心置放「電子攤位站台」(kiosk)來提供的「電影下載服務」。你只要帶著它指定的某個「隨身碟」(USB Drive)來到它的kiosk前,按鈕設定一番,付了錢,只要1分鐘,就能將一部完整的電影存到你的隨身碟,帶回家,再用電腦慢慢觀賞。Sorry,目前只有⋯⋯愛爾蘭的民眾可享受到這種服務。但他們說2008年第二季,Portomedia就要在美國四處設「站」了。

　　不過,風聲傳到遙遠的北美洲,無論是CNET或CrunchGear,都只把它當作一個很酷的電子玩具,或者是一個新的商業模式。它的確是,但不是Portomedia讓我餘音裊繞的原因。我們發現,愛爾蘭是一個多麼特別的地方——據統計,愛爾蘭目前的總人口才400多萬人,上網率落在50%,總上網人口數才200多萬人,台灣無名小站一個站的總會員數就比它多。這樣一個地方的網路使用習慣必定奇特,沒記錯的話,它的當地Alexa排行榜的第一名一度是社群網站Bebo,而

現在Bebo的名次比Yahoo!還高。這個趨勢可以看出上網人口的高度年輕化，還有許多中老年或白領上班族雖「上網」，但使用的網站不是不多，就是太過分散。

如果，我們身為愛爾蘭人，「I have an idea!」在這麼一個小地方要搞網路，如果不做網站外銷，要怎麼做？

所以，Portomedia設點，在人們比較常「出沒」之處，幫人上網！

這樣一來，所有的長尾理論，什麼Web 2.0，各種東東，都可以送到更多人手上！根據CNET所言，Portomedia的每個kiosk，可以容納5000部電影。5000部！任何人想看任何奇怪電影，大概都可以找得到了。

你問，這種點子真的所有人都能做得到嗎？ Portomedia是有技術的，它這個隨身碟叫做「movie key」，2GB的容量沒啥了不起，但它傳送電影的速度是一般USB drive下載速度的10倍，這是它的技術門檻。不過，除了「電影」外，其他的內容不見得需要這種快速傳送的技術。剩下的「技術」，譬如所謂的「電子攤位站台」（kiosk），充其量不過就是一台工業電腦而已，外殼無論做得多炫，裡面仍然安放著一台普普通通的標準電腦和螢幕（跑得說不定還比家裡電腦慢）。電腦裡面只要開一個瀏覽

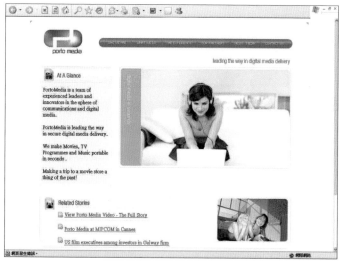

器，就可以與網站相連；若UI端太重，裡面的軟體甚至可考慮用微軟的Visual系列IDE兜一兜，外接一個網路功能，就完成了；由於這種程式從頭到尾都在一台電腦上面跑，某些設計下比網站還好做。

我對kiosk特別敏感，當年的AmericaOnDiet在網路上推行不易，見過的創投曾建議我們開始考慮設立Kiosk，直接接觸全體民眾（而不是只有上網的重度使用者）。我們說，天啊，這樣不是很麻煩、需要花很多錢？但他們建議，不見得喔！我們提出這樣的案子，可讓一些大型賣場或傳統商場，有了「投資你的機會」。當你和Safeway、Albertson（現在都倒了）講到「Kiosk」，比講「網站」還要引起他們興趣，他們願幫創業家購買這些kiosk，免費在所有據點裝設與維護，拿你至少5%的股份，他們多了一樣東西與其他店家競爭，我們也正舒舒服服。據說，當年Albertson曾導入的「自己checkout系統」也是這樣合作出來的。

有趣的是，若「點子好」，其實像Portomedia這樣一間公司的「創立模式」可以達到幾乎和網站一樣簡單。因為，有太多電子

廠商，已經因為「沾不上網路」而感到很煩，正等著這種東西的出現。看看Portomedia的順利程度，其實它早在2008年一月的CES就已在美國亮相，怎麼飄洋過海到美國的？還不是因為它早就和IBM談成合作，IBM負責所有的工業電腦；然後和Seagate力推的「D.A.V.E」（數位影音儲存與傳送系統）合作，Flash卡這端也沒問題了。據一月的消息，聽說Portomedia還跟好萊塢的大電影廠談，已談到最後階段。

Portomedia給了網路創業家另一個不同的選擇。做一個網站，問問身邊人，都表示不太可能跑去用。那，現在不妨多問一個問題：若在他們「出沒」的地點，讓他們帶著一個隨身碟，可以把網站上東西「帶回家」，會不會使用這個網站？願不願意加入會員、付費？

然後就關上電腦，開始四處走走談談了。

bebo.com
opinion.latimes.com/bitplayer
reuters.com/article/pressRelease/idUS108082+07-Jan-2008+PRN20080107

# FU
## 3個爆紅社群網站的成功關鍵字……

by Mr. 6 on March 13th, 2008,
**目前有 4 則留言,**
1 blog reaction

　　2008年三月，Compete推出最新的美國top 20社群網站。以最近的標準來看，一年成長速度要達「5倍」才稱得上「爆紅」，和2007年相比，Ning成長了48倍，Twitter成長了43倍，但這幾個網站我們常常聽常常看，但，以下三個新網站竟能突破重圍，一年爆紅，我認為他們的「FU」打得很對：

　　一、Fubar.com：Fubar是在2007年2月所創辦的，從一個月200次到一個月600萬次，3萬倍的成長。Fubar是一個擺明要做「夜店社群」的社群網站。由於它並不是成人網站，因此男男女女在網上仍可以放鬆的、安全的、有禮貌的交流，也因此吸引大量的女生在裡面，而且是真人；這樣，就吸引更多男生進來了。為了營造「夜店氣氛」，簡直就充滿了霓虹燈與各式豔色調酒的「FU」（當然此FU非Fubar的FU），隱隱還聞到了煙香味。最上方有一個slide不停轉動播放其他正在線上的男女的照片，若登入的話，中間還有一行跑馬燈一直播放其他人訊息。每人的「朋

友」動不動就上一萬人。

二、Cafemom.com：它是媽媽的社群網站，一年下來有5倍的成長。此站自2006年底開站，2007年初大量宣傳，個人首頁是兩欄風格，清清淡淡，粉粉蜜蜜的，很有年輕媽媽的感覺，社群元素和其他不同的是多出一個「我的孩子」，有人也開了一些好玩的群組，如肥皂劇「Grey's Anatomy」有1萬2千多人，「烹飪101」有5千多人。大部份的個人首頁都被設為「私人」，也可見媽媽的特色。

三、Yuku.com：這個網站做的是所謂「DIY社群」，也就是讓大家都可以自己開社群網站。它和去年相比成長了14倍。有趣的是，Yuku和另一個知名的DIY社群提供者Ning不同的是，Yuku的重點巧妙的放在傳統的「討論區」（forum），而且它的「二排設計」很像MySpace、Bebo、hi5那一派的個人首頁，客製度高，簡單易懂。憑這點難怪它目前可以勝過Ning，因為後者將Google廣告放在顯眼處，其「三排設計」比較類似Facebook，既然要把這個棒子交給平民去「自己DIY自己的社群網站」，Yuku的設計顯然技高一籌，而且Yuku競爭的對象比較像是phpBB這樣的討論區軟體，以「forum + MySpace」，這種很新又不會新得沒道理的組合，是它起飛的關鍵。

記者曾問我一個問題，很難答。她問，「社群網站是拿來交朋友嗎？」我想答「yes and no」，大家知道，社群網站「可以」交朋友，但它更像是與線上線下的朋友保持某種特別的聯絡方式，這種「介於中間」的感覺，其實就是人與人之間最好玩的地方。也是還能繼續開發的地方。你看，CRM軟體就算再強大，最後還是得取決於sales業務員自己出去和客戶一對一談的「FU」，這種FU實在難以形容，但當你「FU到」，跑來做一個網站，其他人就算拿著多少資金、多少策略、多少金頭腦也打不敗你心中一個簡簡單單的「FU」。在網路上成為下一個楊致遠、陳士駿的條件是什麼？沒什麼，唯一條件就是你要是一個有血、有肉、有「FU」的「人」即有機會築夢成真。

# 丟給使用者「六個問題」
## Travel Buddies

by Mr. 6 on June 17th, 2008,
**目前有 8 則留言,**
1 blog reaction

2008年,華裔創業家在Facebook插件的成功又添一筆!這個外掛插件叫「Travel Buddies」,目前有11萬人安裝,每日使用者大約為1000～4000人,雖然離華裔創業家最成功的插件還有一段距離,不過重要的是,這個插件是繼台北舉辦的第一次、第二次Facebook app聚會後才受啓發開始做的,背後的創業家不是別人,正是該聚會的發起人之一,也是我在史丹佛的學姐陳郁辛。她回台灣後,從eBay做到Kijiji台灣,任總經理,將Kijiji一路帶到創市際ARO排行榜前30名,前途一片旖旎,但,她實在太喜歡「旅行」,一直談著做一些旅遊相關的網站的夢想,但由於覺得「自己還沒準備好」,因此直到去年,她才真的狠下心把工作辭掉!

「Travel Buddies」第一版做的事,就是幫使用者找到最適合的旅伴。它丟給使用者「六個問題」,第一題,你喜歡旅行中出現驚喜,或一切按計畫行事?第二題,你喜歡住在高級旅館、青年旅館,還是Bed & Breakfast?第三題,你喜歡一天塞得滿滿的,還是一天輕鬆度過?第四題,

你喜歡吃習慣的食物、吃當地的怪食物、還是隨便亂吃省錢就好？第五題，玩了一天後，你會想待在旅館看電影、溜出去逛夜店、還是上網記錄？第六題，最後一天的飛機在中午十二點，你會想待在旅館直到中午再check out，還是趕快再出去趁最後時間玩一玩？

這六個問題，真是簡單得讓人會心一笑，剛好都是我們旅行時，常常與旅伴吵架或討論的「關鍵問題」，不是嗎？如果不是真的有旅行經驗，且真的想找旅伴的創業家，是想不出這麼關鍵的問題的。更有趣的是，題目裡的那些照片，都是郁辛自己照的，「終於找到一個為什麼要拍照的理由」。而照片裡面的女主角，除了跳起來那張是郁辛自己外，其他就由她的「最佳旅伴」Fei當模特兒，Fei當年與郁辛在「小玉山」（MJAA）一起辦活動認識，後來也是Fei邀郁辛去一次土耳其的旅行，從此愛上了自助。離開土耳其時，郁辛下定決心，此後每年一定要花個至少兩星期、去一趟自助旅行！後來，她去過西班牙，去過新疆，今年則剛從越南玩兩星期回來。

幾個月後，這個「Travel Buddies」不斷添加新功能，使得它的流量一直往上爬昇。剛出來時，成長並沒有這麼明顯，到了一月底二月初在John的建議下，她先加入強迫式的邀請（forced invite），也就是在使用者填完問卷後，順便「提醒」他必須再邀請至少二十個朋友加入「Travel Buddies」，才能看到自己的比對結果，一直到Facebook於二月底開始禁止這樣的情形，才將它收起來。但她同時也開了其他外掛插件，都是和旅遊相關的，譬如「Travel Calendar」，後來發現成長不錯，就將此插件功能加入原本的「Travel Buddies」，讓使用者在填完剛剛那六題後，還有理由回來使用。目前這個Calendar已經吸引了高達8萬4千筆的資料！後來她有感這個外掛插件太「乾」了，缺乏照片，於是更繼續做了「My Postcards」插件……。

# 以簡訊傳遞做到4000個樂團的生意
## Mozes

by Mr. 6 on May 15th, 2008,
**目前有**10 **則留言,**
View blog reactions

　　行動通訊公司「Mozes」兩年前即創立，當時就已有70萬美元左右的天使資金，到了2008年五月更進一步傳出捷報，成功增資至1150萬美元（3.4億台幣），這麼多資金，卻做一個非常簡單的點子──傳簡訊。Mozes讓人可以直接傳一個關鍵字（通常是一間公司或一個組織的名字），它就自動回覆那個名字的資料。那個名字的資料不是由Mozes自己找的，而是那間公司放在Mozes裡的。

　　換句話說，Mozes讓一間公司可以推出廣告，上面寫著「寫一封簡訊，上面寫『雀巢』，然後傳到『66937』（就是MOZES在鍵盤上所對應的數字），立刻得到一次免費的抽獎機會！」有一天我坐公車看到這廣告，就照著廣告上寫的傳了一封寫著「雀巢」二字的簡訊給66937，立刻收到一封關於贈獎辦法的簡訊。

　　不必等到回家，廣告可以馬上抓住消費者，瞬間傳一封簡訊出來。許多手機已內建瀏覽器，但

mozes.com
msgme.com

真正會用且常用那個破爛瀏覽器的可能不到5%，但，簡訊人人都會打，要你輸入「雀巢」，然後收到資料，只要二十秒就搞定。Mozes就像是個讓企業申請網頁空間的廠商，只不過這個「網頁」很簡單，使用者先用簡訊告訴你他要哪個網頁，然後Mozes就將他要的「網頁」透過簡訊回覆給他。

有趣的是，這個使用情境，還是勉強了一點。目前競爭者包括Waterfall Mobile的MsgMe、以及TextMarks等等，但Mozes一支獨秀，表現得極好，原因是它找對了族群。

Mozes決定主攻「樂團」與「歌手」。據報導說，當時有個樂團叫Dustin Burke Band，在一個地方開演唱會，一共有大約5000名民眾參加，樂團把現場氣氛搞得超high。假如主唱在這時候告訴觀眾，回家記得到dustinburkeband.com，找尋更多的資料，群眾回家以後，十個有十個都忘光了！但假如樂團此時告訴大家，現在！就拿起手機！輸入「DBB」（樂團名的縮寫），然後傳給「66937」！你們就可以馬上得到一首免費的MP3，下載到你的手機裡，可以設成答鈴喔！當天現場，據說真的就有500個人真的就傳了簡訊出來，佔現場的10%。

MOZES找對了族群，使用情境也對，果然成長迅速，創立一年後，他們已與500個樂團簽約，2008年創立兩年後，他們手上已經簽了4000個樂團，目前的簡訊量最少有1萬則，最多高達19萬則，一共有150萬人曾經用Mozes傳過簡訊，其中有40%都還有回來再傳第二次。獲利模式方面，Mozes向樂團收費，平常使用者只要付自己的簡訊費用即可。

我認為，行動裝置更新穎的應用，還在後面，input比output還有看頭。像Mozes這個點子創意就是在input的情境，讓使用者在一個無法使用電腦或瀏覽器的情況下，仍可以input一些東西，並得到資訊。你也能想出類似的點子嗎？假如Mozes這個簡單的點子都能進入市場，搶得先機，還有好多的創意在後面滾滾等著呢。

# 「Team」
# 好幾個人共同擁有一個個人檔案

by Mr. 6 on February 28th, 2008,
**目前有11則留言,**
View blog reactions

　　2008年初，NBA名將Kobe Bryant幫一個減肥活動作廣告，這個活動叫「減重5千萬磅」（50 Million Pounds Challenge），此活動由State Farm保險公司所贊助，似乎隱含著針對非裔美國人而來（黑媽媽時有過胖問題），整個活動由一位黑人醫生Dr. Ian所領導。美國許多減肥組織，其實都是在一個「專家」底下，他說什麼就是什麼，但這個組織顯然與眾不同，因為它是用一場「活動」來領導，「5千萬磅」是很大的數字，而大家要成立一個又一個的「Teams」來挑戰它，你可以選擇自己成立自己的team，或者加入你從前高中的team、你參加的教會的team，你公司的team⋯⋯，這個網站每周會計算你的team的減重「總數」，排名出目前減重最多的高中、教會、公司⋯⋯，希望最後加起來可以達到「5000萬磅」。

　　於是，2008年二月，我對網路界提出一個叫「Team」的新社群元素，掀起一些討論。我們將它與目前兩大社群元素「Friends」和「Groups」並列，號稱自己有機會成為劃歷史的第三大社群

50millionpounds.com

元素。所謂「Friends」就是好友名單，好友名單在一個公開的社群網站存在的意義，就是可以看到「好友的好友」，從中得到更多樣化的互動與連結。而「Groups」的歷史更為悠久，網路上第一次嚐到「社群」的排山倒海的陌生人的味道，就是在十年前的newsgroups，同興趣的一群人，一起在分門別類的線上「group」以文章與回應的方式討論與分享。如果說「Groups」是從1992年出來的，而「Friends」是大約從2001年出來的，到了2008年，也差不多該是第三個社群元素出來的時候了。

我們提出「Teams」，是因為看到為何社群網站雖然讓很多人在裡面，但永遠都必須「一個人來玩」？沒錯，你可以加入「手作Group」，和一萬個喜歡手作藝術的收藏家、玩家、製作家在裡面互相討論事情，但，為何不能讓五個很會做手作藝術的製作家，共同擁有一張「臉」，在社群網站上用同樣的這張臉「一起面對其他人」？用社群網站的語言來說，「team」的概念，就是「好幾個人共同擁有一個個人檔案」，而這幾個人本身自己也都有屬於自己的個人檔案。每個人都可以自己組team，也可以加入好幾個team，每次寫文章、留言，都可以用自己的身份，也可以以你加入的Team的身份發言。我們當初期待這樣的新概念，能在最後引起類似「魔獸世界」朋友之間互相拉進加入的病毒傳染效應。

而廣義來說，team的概念，其實就是好幾個人在一起組隊，同手同腳，一起做一件事，甚至在同一個平台上比賽、競爭。社群網站裡還沒有這個概念，但其他地方已經有了。

Team有什麼好處？讓你加入一個網站，一個活動，馬上就感受到一股暖流與衝勁，因為有你認識的人和你一起玩，這個團隊與其他一起競爭，讓你繼續上衝。假設A網站有1000個「會員」，B網站有10個100人的team，B網站的士氣熱情應該會高過A網站。也就是說，若巧妙利用的話，「Team」甚至可以拿來為一個全新的網站鋪陳所謂的第一波使用者（First 1000）。

# MoneyBackJobs
## 找到工作就先獎你一個月薪水

by Mr. 6 on August 6th, 2008,
**目前有 9 則留言,**
view blog reactions

2008年八月,有個新的徵才求職網站(人力銀行)宣布開站,全名叫做「MoneyBackJobs」。這家使出「最狠的」一招,你只要在上面申請工作,和公司談了薪水並表示「接受」,MoneyBackJobs就給你現金回饋,發給你年薪的至少5%。再繼續下去更可從站方得到高達年薪7.5%的獎勵。意思是說,它讓你剛剛拿到這份工作時,就預先拿到幾乎一個月(0.7~0.9個月)的薪水!

其實它簡單得不得了,因為公司本來就都會安排一些額外的預算來付給人才獵頭公司,平時有些大公司也會慫恿旗下員工介紹優秀的朋友進公司,進了就給現金獎勵。現在,公司只是把這筆錢拿出來,付給MoneyBackJobs,而 MoneyBackJobs則將此傭金回饋給這位工作申請人。

貪一個月的薪水,換來一個爛你十年的工作?有錢能使鬼推磨?不太對,這樣的差事,沒有一位年輕人會有興趣。不過,如果上面的工作也還不錯,至少大家會跑來看一看「MoneyBackJobs」吧!它的撮合率至少不會比Monster.com還低吧!只要撮合率不會比較低,流量又還到一定水準,MoneyBackJobs也就不怕沒有企業會想加入了。換句話說,反正,既然有傭金的存在,MoneyBackJobs乾脆把它花在更直接的地方,將原本複雜化成3 mass(企業、求職者、介紹人)的問題又簡化到了2 Mass(企業、求職者),並順便利用傭金「啟動」了這個「2 Mass」。不見得大家跟著「乖乖推磨」,但至少,大家開始做出「推磨的動作」!

# 「WOW有你的」
## 每天100萬顆新髮型的衝動使用商機

by Mr. 6 on August 5th, 2008,
**目前有 6 則留言,**
view blog reactions

www.wowuneed.com.tw

2008年八月,台灣網站「Wow!有你的」開幕,希望成為「美髮業的入口網站」。這也是一個超級清楚的「民生需求」,每個人的頭髮都會變長、變亂,每人都有不定期的理髮與美髮需求。據站方簡報表示,目前單單在台灣的美髮從業人員便有上100萬人,每位設計師平均一天服務5至6位顧客,假日或尖峰期可達10到15位顧客,意思是說,在台灣每一天所產出的「新髮型」可能高達幾百萬個,這麼多人之中,只要有5%的新髮型願意拍一張照片、分享上網,或者有人在製作下一個髮型前願意來「WOW有你的」走走看看,這個網站就有機會了。

他們主要使用者並非設定在「一般人」,而是設定在「設計師」和「店家」。創業家分別指出設計師與店家的「需求」,設計師為客戶理了一次髮,作品再滿意,也沒有一個展現作品的網站,王牌設計師的客源仍有近八成是靠現有顧客轉介,客戶是聽了口碑而不是看了髮型作品慕「髮」而來的。另外,目前這些「店家」花了幾十萬建置了破破爛爛的網站,卻只能讓人查住址、電話、開放時間,「WOW有你的」希望讓店家有個地方能展現更多東西。目前,「WOW有你的」也的確有掌握設計師與店家兩大族群的優勢,因為五個創辦人之中就有兩位本身是美髮業界的主管和老闆,通路的推廣和行銷不是問題,讓「WOW有你的」可以在短短時間內,動用他們兩個體系沙龍的一共12家店家與旗下設計師來做測試,目前反應頗佳。

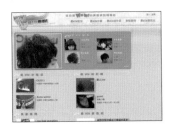

# 一人無技術創業
「寶石風」

by Mr. 6 on September 12th, 2008,
**目前有 12 則留言,**
1 blog reactions

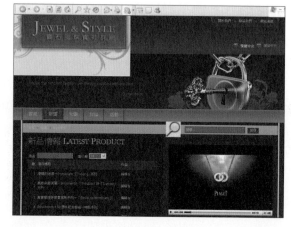

2008年九月,有個小型的特殊社群論壇「寶石風珠寶社群網」(Jewel and Style)重新改站推出,寶石風是在2007年1月發想,2月時創業鈞元家便成立工作室製作,10月完成開站,當時即是台灣這邊第一家也是唯一一家「高級珠寶」的同好社群網站。

珠寶雖是大家都有需求的老產業,但以台灣來說,只有四本雜誌,最大的叫《珠寶之星》,定位國際品牌;接下來是《珠寶世界雜誌》、《珠寶商情》、《台灣珠寶》等等。在他做站的當時,這四家廠商和坊間,真的幾乎都沒有任何比較正式的關於珠寶的網站,直到今年七月,《珠寶世界雜誌》才開了他們的網站。也就是說,雖然2007年在其他領域的討論區、社群、論壇已經都「做光光」了,鈞元卻靠著初生之犢的勇氣,闖入了一個很封閉、但很期待新碰撞的舊產業。

寶石風發現,這個市場的廣告對新創網站相對友善,因為這些國際珠寶商本來就不願隨便去「大地方」灑,他們注重的,反而是網站的乾淨度,寧可不露出,也要露出得很乾淨,所以創業家只要維持一個很清新的高尚形象,然後負責拉來「夠多的」、「正確」的瀏覽者來看他的網站,就可以了。他們也順利的在開站後短短一個月內,就談下了第一個廣告,和法國歷史一百多年的珠寶商「Boucheron」簽了廣告合約。另外幾家也在談,應該很快就有好消息。

# 專攻大陸的「南方市場」
# CityIN

by Mr. 6 on March 6t, 2008,
**目前有 9 則留言,**
1 blog reaction

2008年三月,有一個新社群網站CityIN百變城市正式在中國大陸開幕,社群網站競爭如此激烈,CityIN絕不只是一個想學Facebook的社群網站,他們極力希望摸出「亞洲使用者的口味」,把美、英、法、日、韓等國社群爆紅的經驗帶到中國大陸來。而CityIN的重點創新,在於一個叫做「興趣」的新的社群元素。它基本上就是一些「全民都戀愛」的人、事、地、物。CityIN的個人首頁的邊欄有一個「我的喜好」小框框,陳列著這個人所喜歡、所不喜歡的「興趣」,其他人點進去,也可發表「我喜歡」或「我不喜歡」,亦可進一步為這些興趣「打分數」,CityIN也會為同興趣者配對。如此簡單的社群元素還蠻妙的,我們發現,平日與朋友聊天的氣氛,常常在講到一個大家都知道的「興趣」瞬間達到高峰,目前CityIN網站看來,他們已經收集了九千兩百五十四個「興趣」,應該夠了。

我覺得CityIN會是一個值得高度囑目的網站,又是因為另一個原因。他們這間互聯網公司打算

先專注在「南方市場」。這個「南方」不是台南嘉義高雄,而是中國大陸的南方,也就是廣東、廣西、雲南、福建、四川等等。以「廣州大學城」為例,幾年前才開發的一個新地方,天大地廣,空氣清新,這「大學城」小小島,同時在學的就有一共高達80萬人!若計入他們的朋友或校友,其實從這邊就可以建立一個別人無法撼搖的根基了。

# Jiffr
# 史上最簡單的男女交友網站

by Mr. 6 on February 19tht, 2008,
**目前有 7 則留言,**
2 blog reactions

jiffr.com
seto-gmbh.de

2008年二月,有個新交友網站Jiffr開站!原創者是一間叫Seto的德國網站設計公司。Jiffr號稱你可以從頭到尾不打一行字,只要用「照片」來交友,只要從你Flickr相簿找來幾張最帥的、最有魅力的照片,告訴Jiffr,然後再瀏覽一下目前也要交友的單身女孩們的照片,點選你最有感覺、最有feel的。當然你的照片也被放在上面,讓別人可以點選。每個星期四,Jiffr會幫「兩情相悅」的男女配對,然後下周六就可以作第一次的約會。假如這周沒成,你回家調整一下照片,多照幾張「朦朧美」,等待下周四的「開獎日」。

簡單得不得了。這個網站甚至不需要提供照片上傳空間,他完全就是擺明了用Flickr的資料服務,透過API取得照片。當然就如上面說的,這對使用者來說也方便,你在Flickr本來就已經存放了一大堆自己的帥照美照了,直接選幾張到Jiffr碰碰運氣!

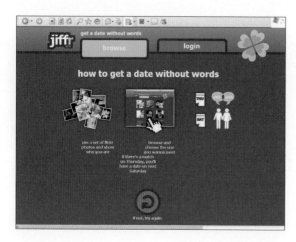

雖然「以貌取人」不是很好,但這是一個大家都看到的趨勢。攤開2008年最紅的雜誌、報紙,會發現圖片已經多過文字,和五十年前的媒體相差甚遠。你若去讀那些文字,也會發現現代人用字甚淺,大量使用重複的文字。人到最後回歸猴子,以長相、外表、動作、舉止來判定。Jiffr用這招,以及固定日子約會,變成史上最簡單的男女配對交友網站。

# 程式銀行
# 幫程式設計者找新的財源

by Mr. 6 on August 20th, 2008,
**目前有 20 則留言,**
view blog reactions

2008年六月，有個「程式銀行」（ExeBank）的好點子剛剛開站，「程式銀行」讓程式設計師、軟體開發團隊、接案公司、資工系學生……都可以將自己寫過的程式拿出來賣。不一定要賣整支，可以只賣一兩個元件，專司某一種功能。交易方式很簡單，賣家上傳程式，買家付錢，直接就下載程式的原始碼。

程式銀行主打的是「簡單交易」，他們是這樣看的：如果將「程式」視為「商品」，這個商品的好處就是沒有「寄送貨」的問題，物流簡單，但它的難處在「金流」，由於常常需要客製化，程式多少有bug或相容性的問題，亦不容易說看到貨就呼「好，這個讚！」一支500元程式無所謂，買了就算了；萬一這是一支5萬元的程式呢？「程式銀行」就抓住這點，設計了類似B2B網站標準的「錢代管」（escrow）的服務。賣家得先將程式碼上傳到「程式銀行」，由程式銀行代管，此後一有買家，就直接在線上購買，付款給程式銀行，就可以馬上下載試用；程式銀行會保留此款項七天，七天沒問題，程式銀行才匯錢給賣家。由於程式的特性，程式銀行比所有B2B網站做起這個「錢代管」的服務都還要理直氣壯、輕鬆自在！買家、賣家也輕鬆，換而言之，三方都可達經濟規模！

此外，放長一點來看，我認為程式銀行亦可能幫台灣眾多的接案公司另闢一個「通順的」永久收入來源。接案公司許多是一人、二人公司，他們一邊做，一邊在心中存有疑慮——「這樣賺錢，可以賺到五十歲嗎？」程式銀行有機會幫這些接案的程式設計者找到新的財源。

# D+
# 聰明衣服搭配系統

by Mr. 6 on September 1st, 2008,
**目前有 7 則留言,**
view blog reactions

diija.com.tw

2008年八月,台灣出現一個新網站叫「diija.com.tw」,全名為「D+時尚風格搭配網」,主要讓消費者能在買下衣服、配飾之前,先「搭搭看」,從電腦螢幕先看看「好不好看」,搭一搭順便就放到「個人首頁」(他們叫「個人專屬衣櫃」),顯示出搭過的衣服,及好友名單等等,也讓使用者之間能彼此交流學習對方的巧妙搭配。「D+」有美術後製的參與,讓照片們在切口的部份可以「對齊」,可以套上它的搭配系統,這樣就夠了,使用者可以自由的搭上衣、下褲、帽子,幾十樣商品,就可以配出好幾千種的造型!

　　我認為,「D+」所做的是一個很大的「網拍串連」的商機。網拍業者或網路商店,目前皆必須使用某個平台,可能是Yahoo!奇摩拍賣、露天拍賣、樂天,或是網勁科技等,這些平台已經很大,無法與它們競爭,但這些網拍商店,仍然可以做另一個程度的「串接」,互相拉生意,互相雙贏、三贏、四贏,若可以促成這樣的「局」,則可以向這些廠商收取行銷費、廣告費等等,這正是「D+」打算做的事。「D+」則直接從「上游」開始,也就是在顧客開始選衣服時,就直接跟

她說,來來來,你可以買帽子、褲子,這樣搭,很好看!「D+」就像在旁邊吶喊的仲介,把好幾家網路上的小商家串在一起,從此以後,他們不必賣多少,只要賣一些人氣商品,「D+」常常配到它們,就可以爆紅。這個網站可說是供給商人繼網拍或購物平台之後的另一種串連的方式。

# StickK
# 讓網友和自己簽「瘦身合約」

by Mr. 6 on February 20th, 2008,
**目前有 1 則留言,**
1 blog reaction

耶魯經濟系助理教授Dean Karlan與耶魯法律系教授Ian Ayres合作,為了測試自己研究主題,找人來做了一個叫做「StickK」的網站,並在2008年二月正式推出。

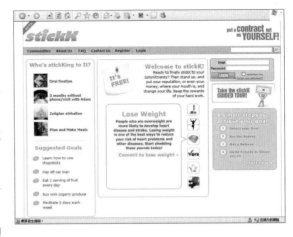

他們主要想研究,很多人沒辦法戒煙、戒酒是吧?無法持之以恆的運動、減重?沒辦法停止罵髒話?這些,都是很多人共同想要解決卻無法解決的問題,假如他叫這些人簽一份有法律效應的「瘦身合約」、「戒煙合約」、「戒酒合約」呢?一定要在某某時間完全戒煙,並保持一年無煙,未完成的話,就要依合約懲罰!罰款會幫你自動寄給慈善機構!能不能幫助他們戒掉?

你說,和自己簽約,賴皮也沒人知道!不,合約會要求你將目標寫明確,而且要標明哪一位朋友要負責監督。

而且,這是一份有法律效應的「合約」!大家或許有這樣的經驗,加入公司前,簽了一份合約,合約叫我萬一離開公司,在三年內不能跳到同性質的公司,否則要賠什麼三十倍的薪水之類。你真的不敢跳過去嗎?跳過去會發生什麼事嗎?或許什麼事都不會發生,但是,大部份的人還是會遵守這個合約,為了防止那百分之一的「惹上官司」的機會。這過程是很痛苦的,你可能必須放棄自己最愛的領域,但會偷東西的人,怎麼防都沒有用;不會偷東西的人,就算看到別人鼓鼓的錢包掉在眼前也不會去拿半點錢。所以「合約」這個東西對99%的人是有效的。假如50%的抽煙者都想要戒煙,那讓抽煙者簽合約,可能就可以讓一半左右的抽煙者不再抽煙,也完成他們自己的夢想。

# 更多的紅做法 more Strategies....

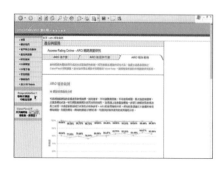

依台灣ARO排行榜前二十名有十七名是創立7年以上的公司的「死水」來看，網民的網路使用習慣顯然更為「固執」。我們有感此點，於是毫不猶豫的擁抱「小站精神」。新創網站或許可以參考一下以下幾點準則：

一、網站的訴求要非常明確：從取名字開始，到某某.COM，最好是一眼就「感覺到」這個網站是要幹什麼的。比如，一開始就自己稱自己為「全民美酒網」，什麼關於美酒的買賣、撮合、資訊都做，不如先叫做「每日一酒網」，每天就只介紹一種酒，對網友下達一道明確的「指令」。

二、大首頁不再重要：網站設計要開始為「內陸」的每一頁面，幫使用者假設一道很順的「黃金流程」。

三、甜蜜點的設計朝向「階段化」：一個很複雜的網路點子，不要一口氣全部推出來，不然很難在使用者已經如此「固執」的情況下，說服他們使用。

四、重新考慮一個網站的評審標準：這點可能是較有爭議的。由於上述的新做法，目前我們所習慣評斷一些（尤其是Web 2.0）網站的標準，可能要稍微調整一下。比如說，一個網站假如每個月有100萬名不重複使用者，但其中80萬竟然是來自搜尋引擎，對網站的意義有多大？是否在競爭者成功佔到搜尋引擎版面後就一落千丈？比如說，一個網站的會員數高達40萬人，但大多只是「一夜會員」，申請帳號後，因為沒有太強烈的理由，有35萬人從此不再過來，自此會員數只剩5萬人。如何計算「有效會員數」（active member），來反應該網站實際的估算價值，或許也是業界下一步要思考的。

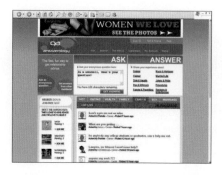

「Answerology」，它實在太有趣了。Answerology設定是你可以用「匿名」來問一些感情上、生活上的問題，你可以指定要問「男網友」還是「女網友」，或許就切中了目前碰到感情問題與死結的某些「DMU」。而從首頁，匿名就可以直接問題，問完問題，它請你「選一個類別」來作一些基本的分類，也填入自己姓別與年齡，填了這些以後，哇很想知道答案？不好意思就要login了，沒錯啊，「匿名」不等於「不要會員」喔！了吧？它的「DUM」有奸巧設計過，很容易上勾，也容易開始享受一種問匿名問題的奇特感受。

目前這網站最熱門的十個問題，我們看看，有的有了30～40則的討論，對才開站的新站算是不錯。看看這些問的問題，不如看看那些回答的風格與用詞，可感受到這些網友真的蠻享受匿名在背後，與另一個異性辯論與討論一些話題的感覺。這些用詞其實很輕鬆、很隨興，也很直接，使用者不會天天來此網站，但一有休息時間就會過來聊聊。

網站假如能考慮到「DMU」或「DUM」，就會很棒，「DMU」是「Directly Motivated User」，直接需求的使用者，這需求不必大到他非得花五百元會員費，不過當這個網站出現在他面前時，他可以想到「馬上開始使用」，甚至不必等其他人來，他就先開始用。另外「DUM」是「Demystified User Motion」，完全不迷惑人的使用流程，一長串下來盡量簡單化。

DMU和DUM有一種奇妙的「互補」的效果，一個網站做出來，假如兼具兩者，「DMU」的部份可以讓一些很喜歡玩的使用者進來，而「DUM」的部份則讓一些並不是有需求的人也因為認識了這個網站而很快的就進來玩玩。當DUM和DMU加在一起時，它往往也是個簡單得叫人出奇不意的網站。

「WhichWeekend」，和之前國二生做的Wellmeet揪團網很像，都不必申請會員，「DUM」做得很好，一進來填了email就直接給你一張表格，橫軸顯示這周末（4月12日）開始起算的12個周末，縱軸顯示目前的朋友們，中間的欄位若打綠色小勾勾，表示那個周末此人「很有空」，若打紅色小叉叉則是「沒空」，若留空白則是「隨便」。一開始先填了自己最近12個周末的狀況，然後可以從下面「add people」，你所有周末可能一起混的朋友都加進來。有家庭的人都知道，生活切成碎碎段段，各式各樣的約會特多。我常常想選個周末與朋友出來玩，但一想到每次約都要刻意，就很麻煩，最後就變成一個月前就得先約好，強迫一定要那一天，而且都只能「吃個飯」，永遠不能「一日遊」。這個站有切中某些「DMU」，和揪團網的需求是一樣的，唯獨「情境」有些不同，周末這件事是「永遠一直下去的」，只要一次把朋友都加入，以後就靠這個表格，決定哪個周末大家都有空約出來聊聊。

「YesterDate」，我們知道許多網站都在讓人「記錄現在、展望未來」，比如今天到海邊游泳，拍照回來上傳；未來我要減重十公斤、未來想去玩的49個地方……但，YesterDate這個網站卻是讓人「述說過去」，而且讓你在一個很簡單的頁面下就將「人、事、地、物」說得清清楚楚，「DUM」做得相當好。

而為了簡易，它打的教學是，你在何處丟過鑰匙？嘩，換作是我，肯定可以講出至少三個城市我掉過鑰匙或皮夾，何年何月都大約記得，因為每次都很痛苦。YesterDate說，把它分享出來，說不定有人撿到！這很扯，但反正死馬當活馬醫，回憶這些也很有趣，「DMU」出現了，有些人就有了想輸入資料的衝動。它將回憶過度簡化為「親吻」、「人」、「動物」、「鑰匙」四個種類，如果你到網頁右上方的search文字框輸入「kiss」，會看到真的有21個人分享了他們kiss的場所，哇賽而且有些都是與「陌生人」，某年某月某日邂逅之類，沒留電話就在這裡試試看會不會再碰到。

TechCrunch一位客座作者寫了一篇「如何在四天內製作一個網站」（還附上四天的影片證明），相當驚人。

你會說，哎，幹嘛要四天呢？我一天就能完成了！錯！這個網站是先有「點子」，再去兜東西來做，而不是有一個開放原始碼軟體在上面去改；更不是像我們到Google Sites或類似的SiteKreator、SynthaSite、Webon、Sampa、Weebly這些地方去隨便弄一個靜態網址。它是一個前所未有的新創點子，有自己的版型，有自己的功能，在短時間內完成一個夢想。

這位成功挑戰「四天做網站」的創業家，建議一個新創網站其實只需三個人：一個寫程式、一個作設計、一個是公關兼部落客來發表作品。總和的成本，幾乎就只是一周的薪水，約為一萬美元（驚，這是在美國的薪水，在亞洲應該有機會壓到2000美元左右）。

此外，除了一些開發與發布工具選擇上的建議如使用Git、Codebase、Capistrano以及程式設計上採用Rails、Symfony、Django、Objective-J等framework，它倒有幾個大家都聽得懂的建議，還蠻妙的，摘錄如下：

一、每天開會，但早上只開10分鐘，下班前再開10分鐘。

二、讓設計師先幾乎完全做完HTML頁，再丟給工程師。而不是反過來或中間拉拉雜雜的交替來交換去。注意，他們沒有PM。這是美國創辦團隊常有的編制概念。

三、購買雲端計算型的伺服環境，不要傷腦筋關於系統端的事，在美國有Flexiscale、Grid-Service、Mosso、Amazon EC2 等等。

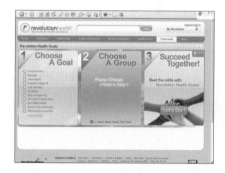

新年新希望。「RevolutionHealth.com」，由前AOL創辦人也是現今網路上最熟悉的面孔之一的Steve Case所創立，2008年初推出了一個新的行銷專案「Resolutions 2.0」，顯然也想搭著新年新希望的這股「全民想減肥的熱潮」。「每年都發生一樣的事：新年新目標，然後無法達成這些目標。社群的趨勢，加上線上工具與專家的支援，可不可以幫助我們不要再重複每年的空談？」他們說。

這波行銷案中，RevolutionHealth重新強調兩個功能，第一是讓你公佈自己的目標（像43things），並且公佈自己的進展（像MyProgress），然後還可以請大家幫你「加加油」。第二是讓你加入站方設好的一批群組，而每個群組都有專家「駐組」，從站方提供的這些群組，可看出美國人每年都在設怎樣的新年目標：Improve My Relationship/Marriage、Keep My Family Active、Take Charge of Your Life、Become A Complaint Free Person、Eat Right and Stay Slim、Walk More to Lose Weight、Sleep At Least 7 Hours A Night、Have a Smoke Free Day、Lose Up to 20 lbs By Spring、De-stress…。

TinyPaste：你在網路上看到一些好的文字資料，決定「全選」，剪下來複製帶回家，然後要放哪裡？或許放在word檔案，存進隨身硬碟，帶回家，打開，好麻煩哪。或許打開Gmail，把這些東西全都貼進去，送一封email給自己，嘩，也好麻煩啊。有的更懶的（我和我弟經常這樣），就是直接寄一封msn給對方：「以下是我要提醒我自己的東西。」回家再打開「歷史對話記錄」就知道了。

現在，只要到TinyPaste，立刻就把這些資料貼上去，並立即拿到一個「短網址」。這個短網址後面只有五個字母或數字，隨便找一張便條紙記下即可。回家後，再到TinyPaste網站，用那五個字母數字，即可馬上叫出來。巧妙的是，當用它的短網址叫出資料，在文字方塊再加兩句話，按下「存檔」，它又會給你另一個新網址。當然，沒有記錄這個「一代傳一代」的過程，也是另一個可惜的地方。

Posterous：TinyPaste是隨手記隨手看「文字」，Posterous則是隨手記隨手看「圖片、影片」等等的多媒體檔案。Posterous這個網站絕對是比TinyPaste更有備而來，它處理的是棘手的多媒體資料，卻將它們弄得非常簡單，它巧妙的特意讓使用者只需要用email即可上載資料，根本不必進Posterous，只要將你的檔案用附檔寄到post@posterous.com，它馬上會用email回覆一個短網址。以後只要用這個短網址，就可以直接上他們的網站去看你剛剛以附檔寄出的那些圖片。

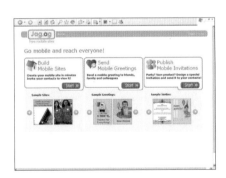

Jag.ag：剛剛的TinyPaste、Posterous已經做完文字檔與圖檔的「隨手記隨手看」，Jag.ag則負責「行動裝置」，手機這一邊。Jag.ag讓使用者可以很快的自己做一個頁面，上面寫字畫圖，當你做好後，他會請你填一下email等資料，包括手機的電話號碼，並不會有太大的不順感。填完之後，使用者幾乎不必再動腦想了，因為Jag.ag馬上就傳了一封簡訊過來，上面還附有你剛剛寫的那個東西的網址，直接在手機上就可以按了。它還說要送給我30封免費的SMS簡訊，可以將此網站分享給朋友，我當然心中大喜，於是就乖乖的將這封簡訊與網址都寄給我的三十個朋友。在網路效應的設計上，Jag.ag顯然比前面兩個網站「技高一籌」。

Monster是美國最大的徵才求職網站、人力銀行，2008年第二季的營收數字上升9%，從3.2億到3.5億美元，淨利從2860萬美元微升到3080萬美元。美國人高興的以為，企業支出並未緊縮、工作市場有希望，錯！Sorry！北美地區其實是減少的，但，北美以外的「國際徵才部」（Monster International）卻在緊要關頭表現優異，即時貢獻了1.6億美元的營收，比去年同期狂昇了34%，而目前這「國際徵才部」已經佔掉Monster整體公司營收高達44%！

網站最美麗的地方就是「長尾理論」。但長尾理論大多案例Netflix、Zappos目前都只在美國而已，「國際長尾」是更大的夢。

Monster顯然已經從國際賺了不少的錢，那我們來研究一下，Monster有沒有玩到「國際長尾」？我用免費帳號進去，發現一些有趣的現象，他們的國際化的確做得相當平均散布，但顯然並沒有盡力去挖「國際長尾」！Monster今天在國際的成就，許多要多虧他們這個徵才產業，先天有些優勢：優勢一、搭著跨國公司出去：看看Monster在各國的職缺，可以很明顯的察覺，許多是美國公司所貼的。優勢二、搭著同樣想打國際市場的agent：我們也可發現，Monster的許多國際職缺也是由獵頭公司譬如Kelly Services等等所提供。許多網站或企業想「國際化」，第一件事是急著找當地的代理商，這是一個辦法，但長尾的美麗乃在於它的「不確定性」，Monster其中partner的對象是這些和他們「方向一致」、同樣也要到各國去的agent，搭著他們拓出去。

Timemory.com由來自高雄的創業團隊所創立，它的中文版剛於2008年8月1日推出，這是一個專門針對「回憶」來提供儲存、紀錄、管理與分享的網站，它其實就是一個部落格平台（BSP），將旗下的每個個人檔案（部落格）叫「Mlog」，大概就是「memory log」的意思。表面上主要特色，是讓網友以「日期」搭配「地圖」的方式，輕易的分享或是探索「某個時間某個地點」的人事物。

「回憶」有何了不起？好像許多網站都號稱是在做「回憶」？

表面上，這是一個紅海，Timemory將回憶用某種方式來處理，便讓它進入了一個從沒有人注意到的藍海。若只稱它為「四維」概念的部落格平台有點可惜，因為時間軸不只為Timemory拿來「多一個元素」，Timemory試圖以「時間」來為現有元素注入一個「哇，感動！」換句話說，Timemory想要挖的不是你今天的照片，而是十年前、二十年前的照片，在數位相機出來以前的掃描照片！Timemory試圖營造出一種「時空」氛圍，讓這些老舊回憶能在他們專屬的年代中，被紀錄、分享或是相互串連起來，建立一種「時間推疊的深度」。

YouTube開始嘗試推出一個新的獲利模式，這是一個我們叫做「Click to Buy」的按鈕，按下去，就直接跳到某購物網站的購物車線上購買！譬如，看完「Where the Hell is Matt?」的瘋狂音樂與舞蹈，下方擺著一個「Amazon MP3」的超連結，點進去就直接買矣。這部「Katy Perry - I Kissed A Girl」除了Amazon MP3還可以到iTunes，馬上付錢下載這首曲子，然後，這「Click to Buy」不止可以買音樂或影片而已，他們也和EA的Spore合作，在Spore的影片下方出現「Click to Buy」，可以跑去買Spore相關產品。以上超連結在目前亞洲版的YouTube都還看不到，只有北美的YouTube有，但站方已經表示，這玩意背後的計畫還很大，可能還將它繼續擴展到更多的地區、與當地的商家作配合。

一個網站突然在上面放一個「Click to Buy」，可能就只是加入一個「夥伴計畫」，這種事全美國每天有幾百幾千件案例，為何YouTube這個全美國前五大的網站突然加入「Click to Buy」就這麼引人注目，只是因為它很「大」的關係嗎？不，這是因為，YouTube一直在找尋獲利的模式，而這個獲利的嘗試，只要一中就是整片天空。

YouTube這個做法棒的地方在哪裡？我認為，一般你打開電視，大約有100台電視台，每家電視台自己找節目也找廣告；有些甚至是當地的電視台，找當地的廣告。如果現代年輕人把從前看電視的時間，挖出一半（50%）來看影音，那以YouTube加Google Video目前上看90%的美國線上視頻市佔率來看，YouTube形同是掌有100台電視台的廣告資源。這個龐大的廣告資源要怎麼運用？我覺得YouTube不可能去找尋那種CPM的廣告模式。他取之Google、學之於Google，所以一直在嘗試的，是比擬Google AdWords的CPC模式，這樣一來，Google內部說不定才能預期他們在五年後從YouTube的獲利要等同於AdWords。而這個CPC，我們從InVideo看到他們很努力的在摸索，已有成績出爐了！YouTube表示，InVideo下方的那個超連結的點擊率，是站內其他廣告的點擊率的10倍，而且觀賞的人之中，只有少於10%的人被偵測到「關掉InVideo」，當然剩下90%也有可能是和我一樣跑掉了，很難說。

這個「Click to Buy」按鈕又是另一個故事了。當YouTube在站面上擺上一個「購買」，當然就是意圖賺更多。如果YouTube擁有一個讓人想購買的東西，它旗下又有好好多符合各種人口味的影片，所有人都上來看到他們喜歡的影片，所有的影片下面都有一個「Click to Buy」，讓大家買下相關的東西，那我們可以開始期待好多好多人來買好多商品。這個model和以前不太一樣，我覺得可以將它叫做「長尾的重新粉刷」。

# Part 4

# 最紅的東西
# Wonders

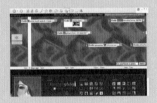

# Plurk
## 比Twitter更簡單易懂的微型碎碎唸

by Mr. 6 on June 3rd, 2008,
**目前有 9 則留言,**
15 blog reactions

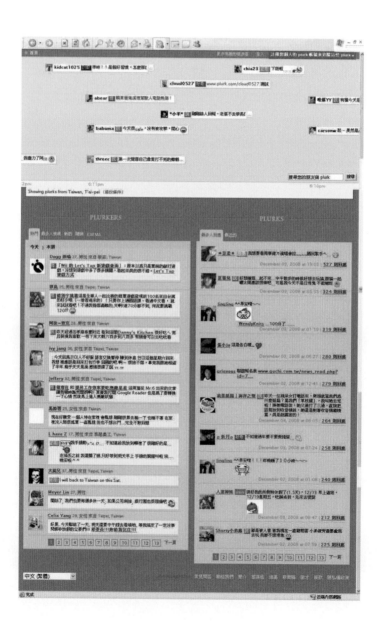

plurk.com
twitter.com
tw.vooeasy.com

2008年六月，有個新網站「Plurk」在美國推出，這個網站就像深水炸彈，為全球網路界帶來一個許久未見的「哇點」，後來，這個網站也在台灣爆紅，網友暱稱它為「噗浪客」，聲勢直直超過原本在台灣有一點點根基的美國網站Twitter！

Plurk顯然是衝著Twitter而來，就像Twitter一樣，可以碎碎念，寫140字的小訊息，給自己看，給朋友看。但Plurk最大的不同點，就是這些小訊息皆浮在一張「時間圖」上面，上面是時間圖，下面是這個使用者的簡介，而這個「時間圖」是可以按住並往左右拖曳看其他時間的訊息的。你看到的這個畫面，也就是Plurk的主要頁面，人人幾乎都在這一頁活動。這個「時間圖」設計的好處是，輕度使用者像老媽媽或老公公，都可以容易上手、容易使用；重度使用者也方便看大家的對話，誰前講，誰後講，清清楚楚！

Plurk此番「時間圖」設計，是一種「簡單」的策略。Twitter雖然會員才100萬人，但只要成為會員後，幾乎都「無可倖免」的成為「迷哥迷姐」，而Twitter究竟打中了什麼「甜蜜點」？若以「微型部落格」稱之，只說明了50%，另一半也很多人著迷的「梗」，是在它同時也是「微型討論區」、「微型狀態暱稱（就像MSN暱稱公開化）」，讓一群人開始在裡面不同時隔空交談，然而，無論是部落格還是討論區還是暱稱，都因為Twitter強調「微型」，只要140字，也只能140字，所以變得人人都可以吐吐苦水，說說心事。我一直在心裡覺得，如果還會有下一個比Twitter更成功的微型平台，能打敗Twitter的，只有「再簡單」而沒有「再複雜」。為Twitter加圖？為Twitter加會員的group？為Twitter再加其他的API？都不對了！都歪掉了！大家重點應該擺在，怎麼把Twitter這麼簡單的東西，還要再更簡單一點，就像手機廠商，可以以將手機做得更薄、再薄、再更薄，然後，把它拿給那100萬之外的其他網路使用者試試看。

那，Plurk是如何將已經很簡單的Twitter做得再更簡單？畢竟Twitter可以用這麼多方法輸入，整個界面已經乾淨得不能再乾淨，140字已經少得不能再少，Plurk厲害的是，它所「簡單」的方向，不是在「進」（input），而是「出」（output）。它希望改善的是這些碎碎念的「呈現」

（display）上面，Twitter大部份的「簡單」都是在input方面，到了output，它唯一「簡單」的地方就是把所有訊息全部混合列表出來，這種簡單是「無為而治」，沒做什麼花俏事，所以簡單。而Plurk，卻努力的以視覺的方式來「簡化」那些雜七雜八的小訊息的「呈現」，所有的對話，在時間圖上面顯

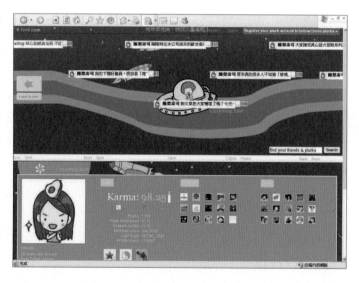

示，一個人碎碎念，只能看出它是在何時「唸」，想像，當這裡開始「你@我@」，與朋友在「@來@去」，大家「一起同時@起來」，整個時間表會充滿了照時間排序的對話！誰說了什麼，在什麼之後說的，說了之後又引發什麼回答，一目瞭然！視覺是最強的簡單劑，再複雜的3C產品，介面若設計得視覺化就可以改善很多。我不知道Plurk會不會爆紅，但它呈現這些迷人的碎碎對話，切入點真是大妙妙。

那你會問，假如「簡單」就可以幫Plurk爭取到Twitter爭取不到的東西，那Twitter在「不動」的情況下應該也可以爭取到其他東西，只是沒爭取到這麼多而已？因此，若從網路創業與商業競爭的策略角度來分析，Plurk的策略是「大簡單＋小複雜」。它的「大簡單」就是剛剛說的時間圖的創意，這個「大簡單」只是Plurk的軸心，它的周邊還順便加上一點點「小複雜」：

一、加入14種「動詞」：仔細看，每則浮在時間圖的小訊息，都有「掛顏色」，顏色代

表的是不一樣的「動詞」，它目前已經有love、like、share、give、hate、want、wish、has（own）、will、ask、feel、think、say、is這十四個動詞，在你寫訊息的時候，它強迫你以「測試、喜歡、現在去逛街」這樣來「造句」。這樣的奇特設計，不禁令人想起當初Twitter用的超強感染力的文案「What are you doing?」，只是Plurk直接用這樣的方式讓使用者更直覺到自己正在分享「我在想什麼」、「我在問什麼」、「我有什麼感覺」……等十四種方式！

二、採用「活動能量」（karma）：這和我們當初VooEasy的Activities是一樣的意思，使用者做愈多事情、傳愈多訊息、加入愈多朋友，Karma就愈高。有趣的是，當你Karma提高到某個程度，據說便可以使用一些別人沒有的功能，好像拿到武器祕技一樣，這樣的設計在遊戲是必備，但在「網站」卻非常罕見！

三、可在訊息內點選並嵌入表情符號：Plurk讓使用者隨時在訊息中嵌入笑臉、哭臉、迷惘的臉、害羞的臉……，它目前有十幾個臉孔可供選擇，這一個小小的改變（或如有些部落客說的是「懷舊功能」），讓小訊息變得更直覺、更生動！

四、可以直接在訊息中嵌入影片照片，並直接觀賞：這點Plurk設計得相當巧妙，使用者可以直接在小訊息嵌入照片或影片，直接在訊息中以小小的縮圖呈現，平常不會打擾訊息的觀賞，但觀眾一按下縮圖，就會跳出燈箱視窗，當場馬上播放影片或照片。

五、朋友可分成不同的「群組」：這點是呼應Twitter使用者已經要求很久的功能，這些群組可讓會員對不同的follower散發不同等級的訊息，也方便於管理。

若仔細分析Plurk「多出來」的以上這五點「小複雜」，會發現它的巧妙之處──第一、二、三點，完全針對Twitter打不中的那些族群，也就是「小朋友們」（高中生、大學生）而來；小朋友們喜歡的是很簡單的東西，一旦打中，他們社群的黏度非常高，但Twitter始終打不中。而第三、四、五點，則是針對Twitter族群一直想要而沒有的東西，不見得能吸引多少人，但就是「做在那邊try try看」。你說，做完「有時間圖的Twitter」就好了，Plurk幹嘛還弄了這麼多東西、這麼複雜？但，每一個複雜，都是為它的大簡單，再多一個「打中甜蜜點」的機會！

# 寶萊塢
## 海外觀眾隨隨便便就貢獻1.5億票房

by Mr. 6 on February 29th, 2008,
目前有 4 則留言,
view blog reactions

上網已成全民習慣，所以什麼東西都說要網路網路網路。最不可能的「網路化」的，應該就是「看電影」了（我指的「看電影」是看正在上映中的院線片，而不是已經下檔的舊片）！看，電影和電視在六十年前便已「PK」過，電影並沒有被電視打敗。現在網路來了，電影界當然不屑一顧，直到今天，美國電影廠還停留在用YouTube來播放電影的預告片、開網站來預告情節的階段，對於「上網付費看現在正在上映的電影」這件事一直都沒有任何佈局。

2008年二月可能是因為正值奧斯卡頒獎典禮熱季，《Time雜誌》與《經濟學人》竟不約而同的對這一點提出警示。《經濟學人》的那篇題目是〈There will be blood〉，意思是說，好萊塢的電影廠若再繼續忽略互聯網的厲害，遲早會嚐到苦頭。

有趣的是，《Time雜誌》的一篇文章更進一步的舉出印度的「寶萊塢」（Bollywood）在「上網看電影」的成功經驗。原來，印度早已悄悄開始實驗「上網看電影」，因為他們發現，海外的印度人，無論是求學還是在工作的，總數高達2500萬人（已超過台灣人口）。這些海外人口，以軟體工程師最多，軟體工程師最厲害的就是互傳影片，他們發現海外盜版非常嚴重，計算下來，總票房的33%就這樣飛了。

文章表示，早在2006年底（也大約是YouTube被Google買下的那段

時間），一間電影公司Rajshri便看準網路影音市場，為它新推出的電影「Vivah」推出網路線上版，和院線版本同一天上映，付費才能觀賞。結果竟大獲全勝，一周內創下100萬觀賞次數，其中有90%都是來自海外。最後，這間公司從這些熱心的海外觀眾收到了450萬美元（1.5億台幣）的「線上票房」收入，佔了最後票房總數的1/4！

我不確定台灣的電影界是否曾看過上面這些數字，但我看了以後，實在很想比較一下：

2007年，台灣電影界推出的「練習曲」和「刺青」二片，票房數字大約估計最多在1500萬台幣左右。假設海外華人有1億人，在懷念鄉情、平均消費能力強、或對台灣這個島嶼生態文化充滿好奇的情況下，都有可能跑來觀賞。假如「練習曲」也在海外賣個1.5億元票房？不會只像印度的Vivah「只」增加1/4的營收，反將票房暴增10倍！

在中國大陸，所謂的國片的票房好了許多，「滿城盡帶黃金甲」達2.4億人民幣（約10億台幣），「夜宴」的1.25億人民

幣,或「霍元甲」1.02億人民幣。但想到海外華人如此眾多,有的還住在一些完全買不到任何中文報紙的國家,他們所帶來的總票房應該不止Vivah的450萬美元,假如是它的三倍好了,對於夜宴、霍元甲這樣的電影也形同為票房暴增了3～4倍!

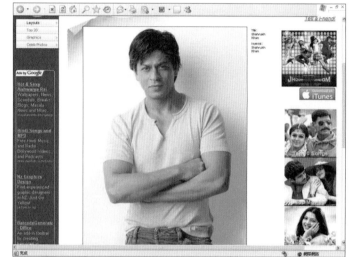

不過,華人有一點確實在先天比不上印度人。看看這位叫做Shahrukh Khan的男明星,據文章說就是「印度的Brad Pitt」。看他的長相,對總是分不清楚人種的歐美人來說,這位不是白人,卻是像瑞奇馬丁那類的,壯壯的,帥帥的,可以作甜蜜偶像!反倒是華人的影星如梁朝偉、李連杰、周潤發,歐美人一看就知道是「Asian」、「Chinese」,定位已明,照目前的氣氛來看,不容易靠外表抓住歐美少男少女的心,這點肯定會是華人電影走向「上網看電影」的一個潛在隱憂。

而寶萊塢真的來勢洶洶,據文章說,印度最大的電影公司Eros Entertainment也是2008年初才要推出一個超大間的線上看電影的網站。Rajshri.com也已經於2008年四月一日「重新開站」,更多的電影在裡面。趁現在歐美方面還沒有對應的動作,華人電影界,可以開始動一動囉。

# DIY醫療＋網路
# 全球12億客戶

by Mr. 6 on February 27th, 2008,
**目前有 10 則留言,**
view blog reactions

　　2008年最夯的主題之一，就是如何將「醫療」帶到網路上，而且已有些成功的案例。尤其當我們讓人人都可以「DIY」，說到醫療、說到健康，這世上無論是白人黑人土人黃人，大家都是「人」，醫學理論差不了多少，因此，理論上來說，「DIY醫療＋網路」簡直就是一拍即合的絕佳雙人組，可以幫你涵蓋全球十二億上網人口。更由於醫學的需求總是如此切迫，收費起來絲毫不必客氣。全球人們對醫療的需求已經如此巨大，大到連在旁邊收「慧星尾」的小石塊，全球集合起來，大概都可以賺爆！

　　最近看到三個「DIY醫療＋網站」的組合，很有意思：

　　一、bioIQ：這個網站提供一些簡單的「在家就可體檢」的身體檢查，可以直接買來DIY，不必再送回實驗室，它馬上就告訴你結果。這和網拍的情境一樣，看到喜歡的，就買回來在家裡用，只是它買的機會比其他產品大很多，世界上沒人想生病，BioIQ可以輕易就可以吸引

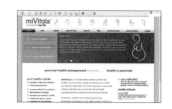

bioiq.com
mivitals.com
23andme.com

一群人買這樣的小盒子作DIY身體檢查。這些測試包括：糖尿病測試、甲狀腺機能異常的測試、心血管疾病、腎臟疾病……等等。

二、miVitals：這是一個幫助個人DIY收集「個人病歷資料」的網站。你在一間醫院做身體檢查，所有的醫療病歷資料都在那間醫院裡，假如真的要轉院時，實在相當麻煩。假如你必須到巴西住五個月，然後在巴西突然舊症復發怎麼辦？一般人平常沒病沒痛，就算知道應該未雨綢繆，也覺得「太麻煩」而作罷。MiVitals教你DIY，自己一步一步的向醫院取得資料，把自己的病患資料填上來，以後到全球旅行都可以上網去下載！

三、23andMe：這間公司幫我們作DNA分析，去年開站時，已在美國掀起一陣狂熱和辯論（創辦人也剛好是Google創辦人Sergey Brin的老婆）。它只要取我們的唾液，然後送進他們的實驗室，四～六周後結果就可以出來，包括我們祖宗八代可能有什麼潛在的遺傳疾病，包括自己可能有什麼潛在的問題基因，通通告訴我們。這個月，23AndMe更剛剛推出了「祖先分析」，可以算出父系那邊的祖先是從哪裡來的，曾經住過哪裡等等。不確定這部份是不是完全是靠DNA，還是有和全國族譜作比對就是了。

不過，為何這些DIY醫療網站，只有歐美創業家才能推出呢？我們應在這方面努力想想，尤其是有亞洲人特色的醫療作業，和網路結合一下，有機會做全球的生意！

# 挖乁媽祖
## msn機器人兼網站

by Mr. 6 on May 30th, 2008,
**目前有 20 則留言,**
view blog reactions

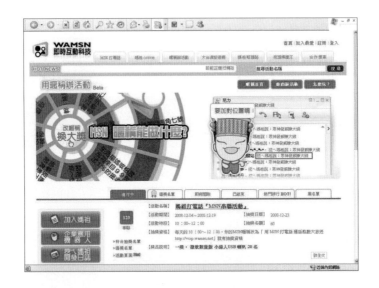

　　2008年五月,台灣有個叫「挖乁媽祖」(我的媽祖)的MSN機器人兼網站,這個MSN機器人就是讓你向媽祖娘娘「求籤」,流程如下:先到「挖乁媽祖」輸入你的MSN帳號,然後它就會告訴你一個機器人的email住址,將它加入你的MSN,然後對「她」丟一個「q」訊號,她就會回覆:「現在默默在心裡說想問的事,然後按下a」,便會看到籤詩。我會注意到它,是因為它目前的成績實在太驚人了:它在2008年2月29日開站,短短60天便達到11萬會員,有500萬人次互動,超過55個國家的人參與(這個有點無法置信)!我問創辦這個服務的「迷路羅盤」,他也是說,開站不到3個月以來,已接近14萬會員,5月起每日的平均查詢人數為15萬人次(求籤、占卜、查地圖、許願、心理測驗)。每一隻MSN機器人的上限是1200人來算,目前它們有一百多隻了(不過,我加入一個新的機器人,序號是45號,是否是re-use舊的空位不得而知)。

　　這間公司目前8個人,製作這個專案是4個人,他們著手研究MSN機器人幾個月,打算研發出人

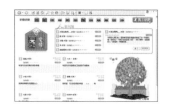

wamsn.net/psm

工智慧的MSN機器人，賣給企業使用。後來在技術上有所突破，目前還提供兩個IM平台，提供MSN與Yahoo!兩個服務，基礎架購大約在三個月前才完成。後來他們認為，最好自己也有個「成功案例」，賣企業較好賣，於是就著手發想。有趣的是，創業家說他們並非在想「MSN機器人要做什麼點子」，而是「MSN機器人要用什麼『身分』」，這個發想的方向顯然很對。由於過年期間，曾經代朋友去媽祖廟求籤，所以就決定，給他們的MSN機器人一個「媽祖」的身份！由於架構已齊，剩下的只有製圖與文字設定，於是過年回來，還不到三月，他們就在2月29日正式推出了「挖ㄟ媽祖」。

你問，MSN機器人最重要的「內容」，也就是那些「媽祖說的話」，是怎麼來的？他們真的花了兩天跟老婆去各大媽祖廟把籤詩抄回來。但這麼多廟，怎麼弄的？拜訪過頭三家媽祖廟之後，他們就發現，原來籤詩是有一個固定的系統的；媽祖的籤詩，就只有「六十甲子籤」跟「媽祖一百籤」，而各間廟宇的差別，只在於籤王、籤首、籤尾。理解之後就很快，台南以北的廟宇，他們幾乎就是進去祭拜後，確認此廟是使用哪個籤詩，注意它使用的籤王、籤首、籤尾的差異，就完成了。每到一間廟他們都會特別上香給媽祖，告訴媽祖他們想做這個計畫，並且謝謝她。

他們也了解到，由於這是一個由「偶像帶領」的網路服務，因此除了技術以外，形象設計也非常重要。他們知道，媽祖「擬人化」是關鍵，因此先企劃了一些MSN媽祖的性格，然後請美編著手畫一個適合的媽祖，並且隨著使用者慢慢浮出水面，他們也照著使用者的喜好來調整，並履次辦活動作調查，看看使用者喜歡哪一種媽祖。「迷路羅盤」說，三月大家看到的「第一代媽祖」，

長的比較「慈祥」，後來發現會員有高達七成都是15~25歲的大學生，因此他們的「媽祖」也就越畫越年輕了。

# Schwag
# 來自新創網路公司的免費贈品

by Mr. 6 January 15th, 2008,
**目前有 3 則留言,**
1 blog reaction

　　「Schwag」(原字為Swag) 這個字是矽谷網路迷的最愛,它是英文新字,意指「來自新創網路公司的免費贈品」。2006年曾有一個網站ValleySchwag出現,向網友說「付我一個月15美元(500台幣),我每個月寄一包神祕包裹給你!」這神祕包裹裡面有一堆「Schwag」,或許是一件T恤外加一條頭巾、和兩支肥肥粗粗的筆,重點是,Sorry,消費者「不能挑」要哪個牌子的,但無損它的價值,因為反正一包只要15美元(在美國大約就是一件T的價錢),那種「每月一趴(package)」的感覺還蠻不錯的!

　　不料,過了幾個月,ValleySchwag竟然倒了!直到2008年一月,才又出現一間「改良後」的「每月一趴」的新公司「Startup Schwag」,它其實有從當年ValleySchwag的失敗處學到教訓,ValleySchwag當年就是認為,反正新創公司「T恤很多」,應該是「求不應供」的局面,結果卻反過來發現「供不應求」,而且偏倚,大家要的只是Google、Yahoo!、eBay的T恤,要不然就是

startupschwag.com
valleyschwag.com/chronicles

一定要印得非常漂亮且有亮點的T恤，但上述兩種T恤肯定一出來就被搶拿一空，買家最後拿到的「神祕禮物」都是「比較爛的」，有的比較好的，要新創公司印，他們又沒錢印了……。因此，Startup Schwag這次索性改以向新創公司要求授權其Logo，自己拿那個Logo去印製產品，「訂閱戶」有多少人就印多少件。

據文章指出，Startup Schwag目前為止已超過400個訂閱戶，每個月月費為15美元，假如他們改以一年付一次費用的話，等於有7萬美元（台幣230萬）現金在手上運用。每個月的東西若淨利為10%，等於月收入已有600美元。不多，但如果訂閱戶增加到4000個，它可以用原本的資源來做更大的生意（除了打包成本以外，但或許連這部份也可請印製廠直接配送）。而這種「每月一趴」最大好處是，它其實是「先收錢、再找商品」，因此是很適合身無分文、無法承受任何失敗風險的小型創業家的「安全創業」路線。

你覺得自己常常上eBay去賣類似的東西嗎？或許，你很適合來搞一個「每月一趴」！譬如，跑美容線而常常領取贈品的記者，每次都到Ｙ！拍上面賣小罐，幾個記者湊在一起或許就可以來搞「每月一趴」，寄給廣大女性每個月一批折價小商品？而每個月都要到澳洲紐西蘭的導遊們，每個月都「跑單幫」帶東西回來網拍？要不要考慮也來「每月一趴」，等到訂閱量大，便可直接採購不必再跑單幫？而現在正煩惱存貨的書商們，說不定也可以來搞「每月一趴」，一個月500元台幣，依每個月的主題，寄給讀者十本過期的但相關的神祕書籍？這種「每月一趴」雖然賣的不是網路產品，但卻是網路創業家不得不多看一眼的2008年創新點子。

# Azteria
# 「愛玩的護士」求職網站

by Mr. 6 on April 17th, 2008,
**目前有 4 則留言,**
view blog reactions

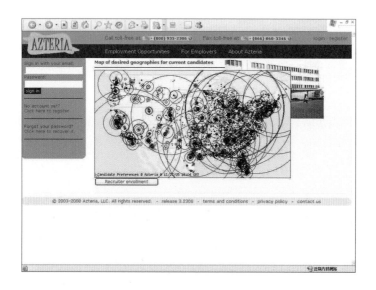

　　2008年四月,美國開了一個新的網站叫「Azteria」,它做的是「旅行護士」(traveling nurse)的求職求才配對,所謂「旅行護士」,就是四處一邊旅遊一邊在當地診所或醫院幫忙的「愛玩的護士」。點進Azteria這個站看看,這種網站絕不是TechCrunch那些Web 2.0部落客會報導的網站,看起來實在是蠻破的,但,它甫開站其實已經吸引了一大串各州各地的「護士職缺」,這些職缺都講得很清楚,譬如有個南卡州小城的護士缺,時薪214美元(台幣6000元),直逼律師時薪!此網站也已經吸引蠻大一串的護士踴躍報名。

　　這個網站還說,它會依每個「旅行護士」所列的地點、工作項目、專長與希望輪班的時間,「自動」配對最佳的工作,若沒有配對成功也會建議這些護士去哪裡找較有可能。我們來看看它怎麼做到這「配對」功能的?其實很簡單。點進「Work Preferences」,可看到它就是把所有的參數盡量給一個數字範圍,譬如她願意在多遠的地方、時薪要求多少;不能給數字範圍的參數譬如

「在白天工作」、「在晚上工作」，就設三種可能「希望這樣」、「可以接受」或「絕不接受」。假如醫院診所與求職護士兩方都填了這些，站方可以輕鬆的找到「縫隙」來配對成功！

「旅行護士」的求職求才網站實在是一個很有趣的點子，因為，這配對的兩邊，兩方都對對方有強烈的需求！你看，目前在美國境內就有2萬5千名的不願在定點工作的「旅行護士」，護校畢業卻不想待在醫院，想趁年輕四處走走看看。資料說，雖然這只佔整個護士人口的1%，卻是一個40億美元的市場！而從另一端來看，美國現在剛好就鬧護士荒，台灣這邊也有些護士就這樣輕鬆移民美國去了。Azteria霸著這塊「旅行護士」市場，野心從名字就嗅得出，南加州有個小鎮叫「Azusa」，大家說這叫做「把美國的從A到Z」全包，就是海涵所有工作機會的意思。而AZ後面改加上Teria則是拉丁文的「世界」之意，也就是說，Azteria打算將全世界的所有護士商機全包了！讓我們拭目以待！

azteria.com

# Treemily
## 台灣第一個「家族社群網站」

　　2008年，台灣出現了一個以美國眼光來看「設計得頗奇特」的「Treemily」網站，別被它的詩作與山水畫給嚇到，它可是台灣這邊的第一個「家族社群網站」！

　　什麼是家族社群網站？看，朋友或許只是一時，親戚卻是一輩子。你在Facebook上有5000個「朋友」，卻沒有半個「親人」，豈不可惜？你和比爾蓋茲是朋友的朋友的朋友關係有何了不起，若和他是表哥的表哥的表哥的關係才「更好用」！家族社群網站，專門幫你維護所有親戚之間的關係，讓你畫一張好大的家族圖表，認識認識「其他的遠親」，也和所有近親遠親保持著聯絡。Geni這個點子透過email散發出去，還沒開站就已經高竄到100萬會員，現在已經有1500萬會員、1億美元估值。

　　我覺得最有趣的是，Treemily雖然是台灣在家族社群網站的領頭羊，但他竟並不打算抄Geni。其實這問題我也一直在思考了很久，華人比歐美人還著重家庭觀念，將Geni直接抄來，實在太可

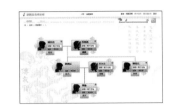

treemily.com
geni.com

惜！那，這東西應該怎麼「改」才更合我們的胃口？

　　Treemily對此問題所提出的答案就是──所謂的「動態六親等」演算法。Geni號稱讓你認識「表哥的表哥的表哥的表哥」，但Treemily竟然將它改成「只認識、管理自己的直系旁系家庭」。如果你說Facebook是一個封閉型的MySpace，那Treemily就是封閉型的Geni。它是一個「封閉式的家族社群網站」，尤其在華人社會裡，這或許就是那個「百萬元解答」。歐美社會重的是社會與國家，華人則一向以「家族」為主要組織單位，如果能打中「家族」的感覺，並且在「家族社群」這塊產生壟斷的地位，憑這麼大量的1.6億以上的上網人口，Treemily豈只是一百萬元，豈止是Geni一億美元而已！

　　Treemily可說是「兩人創業」示範。這位工程師今年34歲，Jack則是33歲。Jack說，他的技術夥伴真的十分認真，他從沒看這這樣的工程師。我也發現，做網站就像講人生故事一樣，不能太老，也不能太年輕。太老，做不動、拚不起、視風險為畏途；太年輕，則撐不久、點子膚淺。Treemily成員的年齡剛好，因此它雖然和其他族譜網站有些相像，但自己巧妙的加入一些極富爆發力的原創想法。不 過這「兩人創業」也有成本，Jack透露目前至少已經花了100萬元台幣以

上，網站版型表面設計更是外包給別人做，網站花了10個月才做成，我覺得穩定度還有加強空間，還在測試中。資金完全來自創辦人自己與家人，只能在「有限的資源中，發揮最大的力量」，讓我們一起為它加油！

# 39 Clues
## 由行銷人來控制內容製作人的產品

by Mr. 6 on September 18th, 2008,
**目前有 4 則留言,**
view blog reactions

《哈利波特》的美國出版社Scholastic,推出一套特別的創新書叫「39 Clues」《39條線索》,一套10冊,分2年的時間慢慢出,第一冊《The Maze of Bones》,已於2008年九月順利出版。「39 Clues」是一個關於世界秘密組織Cahill家族的故事,富蘭克林與莫札特都是此組織的一員,而此書主角為14歲的Amy與11歲的Dan,要和其他組織成員一起找出這39條線索,以取得那終極的神力。

重點是,書只是其中一部份,接下來出版商還祭出了350種卡片,每張卡片都有自己的特殊碼(注意:每個小朋友拿到的卡號都不同),小朋友就好像吃餅乾集卡一樣,集完後可以上網去輸入這個特殊碼,表示已經收集哪幾張了,而每本書附上6張卡。小朋友平常在書店也可以買到零散的,一包16張,不讓你看買到什麼,隨機包裝,看你運氣怎樣就買到哪幾張,而每一季只出55張……這招,可說是誘發小小消費者除了買下那本書,還不知不覺的又買下其他東西!

the39clues.com
scholastic.com

接下來，一邊看書，一邊集卡，Scholastic還在網路上準備了一個線上遊戲。這不是耗資億元的我們想像的「那種」MMORPG線上遊戲，而是以文字與Flash穿插的（相較起來）簡單的網路程式，小朋友透過這些小遊戲來找到一些書本上所沒有線索，這招，又讓小朋友除了銀子外，連整個心都黏了上來，有了書本所沒有的續航力。

接著還有高潮迭起，哪個小朋友真的持之以恆的、解了39個習題，就會送獎品，Scholastic打算給出10萬美元（其實並不多），其中頭獎是1萬美元（33萬台幣）。

陪它「玩兩年」最後也才1萬美元？呵呵。

不過，Scholastic這次的操作，不知為何。讓人不斷想到「部落格行銷」。Scholastic當然並非在作部落格行銷，但它的做法，或許刺激了目前正在作部落格行銷的企業可以參考一下。一般的行銷，需要一些「故事」才更有穿透力，而文字內容的力量、故事的營造，創造出一種深度，但，這些內容卻不見得一般行銷人員願意做、做得來的，所以企業部落格要找外包寫手，要付錢給外面的人來寫。

找誰寫？寫得好嗎？要讓他亂寫？出題目又要出什麼題？

不如行銷人員自己來做好了！

**39 Clues**可以被看作一個漂亮的「由行銷部來控制內容製作人」的產品，你可以看出，它其實是由充滿創意的行銷人員發想整個過程，第一位作者應也是和出版社行銷部充份溝通過整篇故事的內容，然後，搭配著精密計算的各種道具，線上的遊戲、線上的活動……一切分毫都由行銷部主導開始、主導執行、主導結束。他們自己也說，這幾本書的「線」已經都鋪好，這些寫作者的責任，就只有將這條線織成一塊「毯」，讓那條線可以「穿過去」，這樣而已。

正也因為有了這些周邊的道具，每段故事也變得次要了，行銷人員不會受制於內容製作人，甚至可以找來好幾個作者，一人寫一本，都不用怕。

# Maghound
## 月付4美元，送3種雜誌到你家

by Mr. 6 on July 2nd, 2008,
**目前有 8 則留言，**
1 blog reaction

maghound.com

2008年六月，時代集團（Time, Inc.）推出了一個叫maghound.com的網站，它的口號是，「雜誌閱讀者的最好朋友」，解決了許多愛讀雜誌者的一個大問題──你喜歡看Ｘ周刊、ＸＸ時代、ＸＸ雜誌……到書店只能「站著看」，在圖書館只能看別人翻爛的；買回家，一本雜誌都要4、5美元，蠻貴的。如果用訂閱的，確實便宜很多，還有贈錶或贈筆，不過也只能訂一兩種，無法全訂，累積這麼多舊雜誌不看也浪費，而且一訂就是一年不能退掉。怎麼辦？

Maghound提供「隨時更換訂閱」的服務，只要月付4美元（120台幣），你可以任選3本雜誌，每個月寄到你家，在家裡的沙發或馬桶上悠閒的閱讀。下個月，你可以選擇繼續看這三本，或者換掉一兩本，或是換成另外完全不同的三本。若想看更多，可升級到月付8美元，有5本可讀；月付10美元，就有7本可讀。這價錢，可以說已經接近訂閱價了。美國網路界將Maghound喻為「雜誌版」的Netflix。在Netflix，一個月付9美元即可任選一部片，片子看完了，寄回去再換新的一片，假如你很會看，那麼一個月可看到10幾部片以上大概都沒問題。付14美元即可擁有2部片，17美元即可擁有3部片。目前Maghound已經和300家雜誌談好，許多都不是時代集團下的雜誌，大家應該比較不會有「時代集團意圖壟斷訂閱通路」的疑慮。

很期待下一個「集體訂閱各種花樣」的點子，或許意外吹出網路創業家進軍「實體」的第一聲號角！

# Twitter的新變種
# 4種可能

by Mr. 6 on June 20th, 2008,
**目前有 3 則留言,**
view blog reactions

quillpill.com
twitxr.com
zannel.com

　　2008年六月,「Twitter」爆紅之後也算到了一個階段了。Twitter主打的是,讓每個人都可以用簡簡單單的140字,對網友說出「你現在在做什麼?」在今年,我們在全球網路界也開始看到一些「twitter變種」,以下是四個在2008年中不約而同推出的「變種」:

　　一、你今天寫了多少書?日本人做的外銷網站Quillpill,做了一個專給人「寫書」的微型部落格系統。你在手機上可以一句一句的寫。主要呈現頁面是「從舊到新」(而非從新到舊),而且沒有一些雜七雜八的「何時寫的」、「誰寫的」,從頭到尾,就是一句一句的接下來。

　　二、你今天拍照到什麼?新網站Twitxr、Zannel、Twitpic不約而同推出這個點子,它讓你放照片,完全只讓照片說話,讓照片和其他人打屁交流。

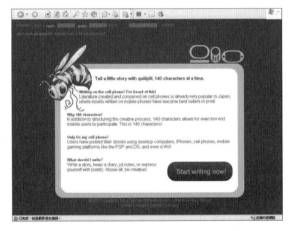

　　三、你今天吃什麼? FoodFeed主打你今天吃了什麼東西,大家都有東西可寫,這個網站設計得讓人真的胃口大開。

　　四、你今天看到附近交通如何?塞車的時候很不爽,不爽的時候就玩手機,CommuterFeed打的就是這一塊,讓大家看到目前哪裡有車禍、有路障。這個網站的使用情境比較狹窄、「不有趣」,但它對準的卻是人們「最無聊」的時光。

twitpic.com
commuterfeed.comwww.wowuneed.com.tw

# 「127:26」勝出的電視
# 「電視」大戰「網路」之後

by Mr. 6 on July 10th, 2008,
自前有 7 則留言,
1 blog reaction

www.alleyinsider.com/2008/7/
reality-check-internet-poses-no-threat-to-tv

Nielsen於2008年五月提出影音市場的最新的數字,它透露三個重點:

1. 美國人單月平均看電視的總時數為127小時又15分鐘,比去年同期成長了4%。

2. 美國人單月平均上網時數為26小時又26分鐘,比去年同期成長了9%。

3. 美國人單月觀賞線上影片的總時數:2小時又19分鐘。

於是,比數出來了! 127比26 !美國人的看電視習慣,原來並沒有被網路所影響!網路上網時間增加中,但電視的總時數也在增加中,穩穩坐著寶座,而上網的時間只有看電視的六分之一,上網看YouTube的時間,更只有看電視的60分之一!

此外,單月看了127小時,意思是說,美國人平均一天要看四小時的電視,等於一個月花了五個全天在看電視。以下的詮釋更傳神:我們一個月工作20個工作天,卻也看電視看了15個工作天!會很誇張嗎?看看我們自己不也是這樣嗎!早上起床,一邊打理出門,一邊看電視。中午吃飯

時間可能再看了半小時配飯吃,回家再一邊吃晚飯一邊看了一個半小時,洗澡後一邊吃水果再一邊看了一個半小時。如果平日沒看這麼多,那「周末會補回來」,有的人周末睡到十二點,從十二點到晚上十二點,電視就一直開著的。

所以,「電視最大」。這個趨勢,可能會是下一年最重要的「網路趨勢」(惱)。

# 5秒內查到英文單字的另一法
# Google「translate」

by Mr. 6 on August 26th, 2008,
**目前有 10 則留言,**
1 blog reaction

Google於2008年八月,剛剛新推出「在搜尋框裡直接查字典」,只要在搜尋框內輕輕的加上一個「translate」,然後後面加上某個國家的單字,就可以翻成「英文」。如果加的是「traduire」,就是翻成「法文」,如果加的是「翻譯」二字,就會翻成繁體中文!

譬如,來Google中文版鍵入「翻譯motorcycle」,就可以看到,搜尋結果的最上方出現一個類似垃圾回收的循環箭頭小圖示,旁邊寫著「motorcycle」的正確翻譯:「騎摩托車,摩托車」。什麼叫「騎摩托車,摩托車」?它是把motorcycle的動詞和名詞一次不囉嗦的全部顯示出來。注意,這個和之前的「define:」的shortcut不同,前者只有搜尋網路上其他關於某個單辭的字義,後者則直接用Google內部的字典來查。

是的。就在鍵入「翻譯 motorcycle」後,答案出來了,再按下那超連結,就會出現一個「字典」的網頁,但這並不是Google翻譯的東西,除了子域名不同外,網址上面寫的是「translate_dict」,和「translate_t」只差三個字母,但這個「translate_dict」是個沒有牌子的Google頁面,只有在搜尋結果上方淡藍色的bar顯示著「字典」,此外,它搜出的東西除了「字典」外,下方還再搜了Google一次得到一些關於「摩托車」的網頁定義,右邊則出現從Google Image搜尋所產生的圖片,兩張漂亮的摩托車圖!有時,還會放「近似同義字」、「相關詞組」等。

# WiWi商職網
## 從自己使用情境出發

by Mr. 6 on April 21st, 2008,
**目前有 25 則留言,**
1 blog reaction

wiwi.cc

　　2008年四月,台灣有個新網站「Wiwi.cc商職網」推出了,Wiwi 定義的所謂「商職網」就是「商務+職涯」,我想人力銀行的朋友們看到這篇會嚇一跳,因為Wiwi顯然試著將人力銀行、教育網、人脈網……通通拼湊成一個大網站,該有的功能似乎都有,而且好像除了資料不足外,功能都還可以用,點進去還有一層又一層的選單,簡直深不可測。

　　雖然Wiwi號稱,已於幾天內達到實名註冊超過800人的成果,但在2008年突然跑出來玩這個競爭激烈、大魚爭食的人脈與求職市場,是不是瘋了?

　　這群創業家顯然沒想這麼多。對他們來說,「做網站」的緣由很簡單,「現在的網站都不好用!」他們說。剛畢業的大學生最切身的人生第一個「有用的網站」,就是求職與個人人脈,他們一心想做出「心目中的商職網站」,他們打算重新定義一切。這「重新定義」不是行銷耍嘴皮,他們打算整個網站設計、流程,完全翻新!由於它原本就是以自己使用情境為出發點,年輕人不見得等於重度使用者,他們朋友給他們的第一個網站是MSN、Yahoo!、部落格平台,以及PTT,這就是他們網路的世界,不過,以這樣角度設計出來的Wiwi,反而更接近原汁原味,有些設計,讓資深網路者或許真的都要刮目相看,這個在2008年初露頭角的優秀團隊的後續發展令人期待。

# 信義育幼院院童挑戰環島
# 幸福點點名

by Mr. 6 on May 29th, 2008,
**目前有** 30 則留言,
3 blog reactions

www.qtogether.com/questionnaire/info.
jsp?qs=6a47305468544d4a622f383d

2008年五月底，台灣最大的連署型社群網站「Q Together幸福點點名」推出「信義育幼院院童即將挑戰環島，請幫我們收集1萬個鼓勵吧」連屬活動，當時時間緊迫，離育幼院實際出發時間只剩不到一個月。

信義育幼院的吳院長當時感嘆，院內的這些孩子，不見得是孤兒，但由於家庭的因素或其他不可知之因素，收容在信義育幼院裡。院長說，不要求他們個個可以得到全班第一名，但是他們一定要活得有尊嚴，活得有自信。這個島上有這麼多人，但真正親手親腳「環島過」的人有幾個？這群小朋友請假一個月，驕傲的對大家說，「我們要去環島！」對他們來說，是多大的成就感啊！就一萬個鼓勵就好，笨了一點，但很真實的字字句句。我想，每個大哥哥大姐姐在每一個休息站，一定都會給予小朋友們最熱情的擁抱，但，假如太疲累，大家或許只能講幾句話而已。How about用寫的？

在網友的支持下，這個活動進行得如野火撩原，一發即旺！在短短一個月內，成功的收集了6000個來自台灣四面八方的鼓勵，並做成海報，將所有鼓勵的話整理成冊，趕在小朋友們從雲林西螺動身之前一個星期，親身將海報與這些話語，送到雲林西螺，為小朋友們帶來一份很深刻的回憶，也在地方留下一段奇蹟似的佳話。

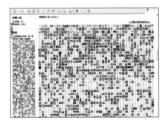

# 更多的紅東西 more Wonders....

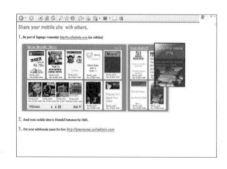

希望讓使用者產生「我也想做一個」衝動的網站之一：簡單有用，我也想做一個！Jagango是一個讓人做「行動版的網頁」的網站。現在的網站製作機只能找輕度使用者，但使用者既然是輕度就很難持之以恆的玩下去；Jagango抓緊了「就算是重度使用者，也對手機上面看的小網頁一竅不通」，開了一個介面讓大家隨意製作「行動版的網頁」，做一個行動網頁，別人從手機可直接連到，還提供了xxx.celladmin.com的網址，而且可以一覽全部的網站……簡直是十年前的烘培雞（homepage）製造機重現！朋友看到你新的個人網頁，也會一驚：「我也想做一個！」

行動版網頁就算沒有這麼大的需求，它的「簡單」依舊為它加分。這種網頁可以簡單到只有一張照片、只有一堆文字，或是順便介紹另一個真的網站，隨便拖拖曳曳就成形了。敏銳的人一聽應可發現這個點子其實可以做得很驚人，至於它會不會「往那個方向」就要觀察一下了。

此外，還有哪些其他簡易型的點子？簡單做自己的部落格、自己的音樂播放室、自己的影像頻道、自己的相簿……這些已經很膩。大家可以多想想。

希望讓使用者產生「我也想做一個」衝動的網站之二：可以實體化，我也想做一個！有個網站Glogster，發明了一種東西叫「glog」（這個glog不是台灣的「蒟蒻閣」）。這種「glog」其實就是「海報」（poster）比例的剪貼板，使用者可以貼出自己想要的海報，然後寄給朋友看，或放在部落格裡。比如有人做了一些美女海報，有人甚至做了動態海報。

Glogster這個點子有趣在它利用了大家在實體世界很熟悉的平台（海報），讓你看到大家都設計千奇百怪而且好多字與圖片的海報，好生羨慕，自然心生「我也想做一個！」只要克服解析度的問題，未來當然可以理所當然的讓使用者把海報印出來，成為極佳收費模式。我們生活中還有哪些其他的「畫板」，可以讓大家同樣產生「我也想做一個？」的想法，譬如車牌（那要政府允許才行，國外似乎可以掛前面無所謂）？

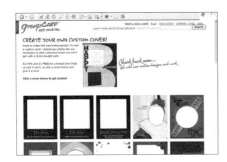

希望讓使用者產生「我也想做一個」衝動的網站之三：加入共同製作，我也想做一個！年節到了，從前的線上賀卡服務曾流行一陣子，我生日收到你的賀卡，你生日我也想挑一張有趣的賀卡寄給你。但這已經過時了。有一個網站叫SquidNote，卻巧妙的推出有病毒式概念的「加強版線上賀卡」，它提供一些現成的「空白線上賀卡」，讓一群同事只要提供他們的email住址，就會收到邀請函，點進去人人都可以在賀卡上塗鴉留言，最後再寄給那位壽星。

不只是一傳十傳百，當「自己一個人」時的購買習慣與使用習慣肯定會和一群人在一起時不同。平常你不吃火鍋也不喜歡喝酒，和一群人一起或許變成什麼都吃、什麼都來。SquidNote讓大家「共同製作」，改變了「線上賀卡」的氛圍，讓它變得更好玩、更不一樣了。因此我們可以努力再想想，還有哪些已經流行過的東西，可以改成「共同製作」版？重啟「我也想做一個」的衝動？

發掘人們心中「公眾回憶」之一，關於「名人」的公眾回憶：TinFinger.com讓你幫「名人」建個人檔案。現在網友已經參加太多個社群網站，開了好幾個個人檔案，個人檔案已經不好玩了，不如來幫我們大家都熟悉的名人「建檔」。或許你、我、他都不相同，但我們最有興趣討論的名人一定就只有「那幾位」，一聊起這些名字很多人都會滔滔不絕。

發掘人們心中「公眾回憶」之二，關於「事件」的公眾回憶：WereYouThere.com，是一個讓人分享共同「事件」的網站。所謂共同事件你我都聽過：911恐怖攻擊的那一天，你在哪裡？你第一次聽到的感覺是什麼？（我才剛早晨淋浴完準備上班，還是當時還在台大交換學生的弟弟打給我才知道此事）。對於老一點的人來說，阿姆斯壯登錄月球時，你人在哪裡？當下的感覺是什麼？

發掘人們心中「公眾回憶」之三，關於「地名」的公眾回憶：有個網站叫PlaceShout.com，讓人分享一些「地點」。人類總人口幾十億，但最出名的地名就這麼一些。人類在地球上不知換了多少批了，但法國巴黎還是法國巴黎，喜馬拉雅山還是喜馬拉雅山。就算在一個城市，金門大橋一直都是金門大橋、Union Square一直都是Union Square。PlaceShout的設計有點地圖日記Atlaspost的本意，但用Twitter式的簡易來呈現。你吃完一家餐館，只想好好的寫一句話讚嘆一下，若不想找地圖也不想下經緯標，沒關係，直接寫地名和一句感言，啪啦火速fire給世界。它和Twitter不同的是多了「地名」這個元素，而只要大家喜歡的地名有機會重複，這個元素的趣味度可以維持高昂。

針對部落客的新網路服務之一，幫部落客「加人氣」的EntreCard：部落格要怎麼添人氣？當然是愈多地方曝光愈好啦！EntreCard其實就是「部落客廣告交換」(link exchange)，譬如在部落格的邊欄嵌入一個正方型的小卡片，播放其它部落格的圖像，彼此幫彼此灌入新觀眾。當然，它重點放不太對，它號稱讓部落客在網路上有「名片」，其實那只是交換廣告而已，但交換廣告這個從1999年就有的點子，卻似乎還沒在部落格產業裡成功的案例。

針對部落客的新網路服務之二，幫部落客「找題目靈感」的Skribi：這個點子聽說是在Atlanta start-up weekend花了五十個小時就做出來的點子。它讓網友可以自己提供題目，然後建議部落客可以寫，等於是AskTheVC的反過來。譬如有一個網友希望年輕博客可以多發表「畢業後想做的事？有沒有趨勢？」，一位網友希望哪個3C博客可以探聽一下「iPhone 2.0」會長什麼樣子？另一位網友希望哪個懂人脈的部落客可以多寫寫「我要怎麼測量我這麼努力社交之後的ROI？」這些若寫出來，不見得會是最熱門的話題，不過，當部落客靈感匱乏、求題若渴時，絕對可以逛逛這個網站，它會告訴你新的題目。

針對部落客的新網路服務之三，幫部落客「找輔助照片、影片」的Zemanta：這是一個很酷的下載插件，裝在Firefox上，然後用Wordpress、TypePad、Blogger的平台寫部落格文章時，一邊寫，它就一邊會在下面跳出建議的照片、超連結、還有其他文章，只要稍微停筆一下，然後對著喜歡的照片、連結輕輕一點就可以將它們納入正在寫的文章裡頭，讓文章可以更豐富、更有趣！將這個插件介紹給中小企業部落格的製作人，聽說可省很多時間。

針對部落客的新網路服務之四，幫部落客「提供延伸資料」的Yahoo! Pipes Badge：覺得Yahoo! Pipes很好用？它最好用的地方是可以像「樂高積木」，拼成很多種東西，而這些東西每天會自己「排放」新的內容，讓讀者很愛看！不過，從前Pipes最後只會輸出RSS，你還要另外有一個RSS來「接」上它。《Wired》雜誌介紹Pipes所推出的新產品，叫做「Pipes Badge」，支援TypePad、Blogger、Wordpress、iGoogle，博客隨時可以做一個有趣的內容，然後直接美美的嵌在部落格邊欄。

美國網路界時而傳出哪個地方又辦了「Startup Weekend」（周末創網站），這種活動常常是將一群有熱血有技術的創業家聚在一堂，給他們豐盛的食物與飲料、電源插頭和網路線，或許一天、二天，讓他們各自做出自己的網站，參加某個比賽，或共同做出一個網站，是噱頭。

2008年6月，「周末創網站」的形式竟然從一次性的「活動」，轉變為「正式的組織」！一個叫「InOneWeekend.org」的組織，在七月某個周末（7/15～17）從美國內陸辛辛那提徵召來100個網路創業家，一共兩天的時間，請他們喝好多免費的咖啡，共同完成了一個創業點子「LifeSpoke」，照簡介所言，這是一個幫家人朋友維持關係的特殊社群網站。不過，與其他「周末創網站」活動不同的是，InOneWeekend.org並沒有把網站真的做出來，只是「規畫點子」而已。這個點子由於用如此特別的方式產生，一出生就備受支持，有人贊助辦公室，Thompson Hine事務所協助法律，Right Path提供免費會計服務，Profitability.net贊助網路機房。InOneWeekend.org說，他們會再繼續於全美各地有系統的舉辦「周末創網站」！

# Part
# 5

# 最紅的話題
# Topics

# 「集頭內爆法」（Head Aggregation + Implosion）
# 《海角七號》網路行銷成功分析

by Mr. 6 on September 17th, 2008,
**目前有** 37 **則留言,**
2 blog reactions

　　《海角七號》在2008年夏天紅遍了全台灣，並且創下票房歷史紀錄。但一開始時，我們會發現海角七號的口碑，主要的宣傳廣告竟是「網路」，當時，電視上都在講颱風和政治，網路上都在講海角七號，這波網路風潮來得又急又快，快到某人這周末不小心忙了一點沒去電影院，已經覺得全世界都超在我前面。身為網路人，不禁來研究，《海角七號》成功的在網路上掀起這麼巨大的狂潮效果，代表什麼？

　　民眾似乎都知道，像「海角七號」這種電影的最精華，要到部落格去找。在Yahoo!奇摩在九月的搜尋榜的「部落格搜尋」，「海角七號」高達第二位，很多人在搜尋「海角七號有哪些部落格在寫」。

　　看，我們都是成年人了，又不是今年才開始看電影。從以前到現在，好看的電影很多啊，好看又大賣座的電影也很多啊。從《鐵達尼號》，到《無間道》，甚至你說最近的《色戒》、

cape7.pixnet.net/blog/post/21746004

qtogether.com/questionnaire/info.jsp?aqn=6a306d314e4353436634593d

《不能說的秘密》還有到《變形金剛》，大家都說好看、好看、好看，但，從來沒有出現過像這次《海角七號》近乎四處都是「一定要看」的指令？而且，我們在電影院看看左邊看看右邊，也會發現許多觀眾並不是年輕人，而是扶老攜幼的爸爸媽媽、他們年幼的子女們以及阿公阿媽。還聽說另外一個案例是許久未走入電影院的中年夫妻因《海角七號》再次走入電影院，竟是因為他們念初中小孩說「一定要去看」；而他們念初中的小孩，很有可能是被他的同班同學下達「一定要看」的指令。令人好奇，是什麼樣的電影，會讓初中生、老公公、大學生、同事、同學……各式各樣的人都說「好看，一定要去看」？

推薦我們「一定要看」的這對老夫妻，他們說的理由是，《海角七號》很貼近生活；他們說這位導演「很會說平民的故事」。

而平民觀眾的想法就是──「各有各的想法」。

讓我想到一個英文字：「Implode」（內爆）。從英文的字首「im」就表示這是「內部的爆炸」，不是「外爆」（explode），這是小男生的想像，事實上，哪有一個炸彈真的能把裡面的東西都炸爛，外表完好無缺的？但這個「內爆」的動作很棒，它不是要往外飛，飛得無法控制，它是在市場內部產生爆炸，

炸出一個欣欣向榮的內需市場，這個字有一種隱含的美麗，也代表著一個簡單的行銷方向。

以前的「長尾理論」都說，網站最棒的就是可幫一個產品灑得「全球都是」，所以如果我們製造出一種超環保的電燈泡，全台灣大概只能賣1000顆，但沒關係！全世界愛環保的消費者，美國兩萬，加拿大三千，日本四千……加起來大概就可以年賣1億顆，靠網路賣出去吧！這種是網路目前最為人所知的「外爆」威力，但，「內爆」卻很少人在注意：

一顆環保燈泡，原本在內需市場只能賣1000顆，是否有可能透過網路，竟然可以在一個已經如同死水沒救的侷限市場，炸出一個100萬顆的水準？

如同海角七號，突然變出一齣「一億票房」的電影？

《海角七號》的成功，是網路上比較少看過的成功案例。比較貼切的講，這是「長尾理論」的某種幾乎相反過來的變種。我覺得可以叫做「集頭理論」，也就是把長尾加起來，全部整進一個「頭」。首先，電影院不是網站，電影院無法支援長尾理論，電影院就是電影院，只有這麼幾個廳，一定要「集頭」才行，而目前大眾到電影院之所以只有這麼幾部洋片可看，因為那些是證明最符合大眾需求的、位於「頭端」的影片，要幹掉這些「頭」，一定得「集頭」。這

和長尾有點類似之處在於，長尾是讓大家繼續買他們原本就有需求的小眾產品，而「集頭」卻是將一群原本不會看同一部電影的人，變成去看同一部電影！

要集中在一起，不容易，但是分頭擊破，再集合在一起，這就是《海角七號》了。

《海角七號》證明了一件事，每一個小眾的特殊產品，都可以找到一個「足以堪為『頭』」的「大眾需求」。像《海角七號》很容易，只要喊出「最好看的國片」大概就可以順利集頭了；但要如何讓這句話真的每一個人都知道？下次再喊，也不會有這麼大的效益了。那麼，下次如果再來，要如何成功的說服每個人，《海角七號》真的是一部足以堪為「頭」的電影？那，就要透過每個人的語言傳出去。《海角七號》顯然在「集頭」的部份很是厲害，可能在每個網路上的小眾地方，都有一個小頭，在幫忙收集，然後小頭、小頭、小頭就集成大頭，到現在，全民都在講這件事了。

行銷的極致，就是改變、扭轉消費者的消費行為，「誘發」那前所未有的消費習慣，而這種「誘發」很有可能不需要什麼，只是讓他們「看到」而已。但這何其難，因為路上賣玉蘭花的也是讓我「看到」她手上的玉蘭花，但我不買就是不買；讓他們「看到」並「說服」，得用他們的語言，才可以「集頭」，也就是透過所有的族群，用他們的語言詮釋這個產品，造成一個又一個的連鎖效應，在一個地區裡面一次又一次的「內爆」。爆到最後真的整個台灣都知道了。

讓我們繼續研究《海角七號》，拚命的想下一個成功的網路行銷有什麼機會，讓自己的產品就像海角七號一樣爆紅到每一個不可能的角落！

# Yooler開始量產「美女大爆笑」
# 陳昭榮的迪士尼策略

by Mr. 6 on July 30th, 2008,
**目前有 13 則留言,**
1 blog reaction

　　2008年7月5日,台灣三大影音平台之一的Yooler在網站整理之後重新定位成「搞笑短片專家」,推出新產品「美女大爆笑」,固定在每個月的五日、二十日「發彈」,每一彈由12支1～3分鐘以內的搞笑短片組成。Yooler的背後來頭可不小,它的董事長兼主要負責人,正是八點檔連續劇真情滿天下、天下第一味、台灣霹靂火、台灣阿誠的男主角,目前「王牌CEO」主持人,以「本土一哥」出名的超級偶像陳昭榮。

　　我想起2006年,這個打著「娛樂」諧音的Yooler影音平台,曾經挾著「vlog」與「YouTube」題材入場,在亞太會館的Yooler.tv對創投的增資說明會中,陳昭榮也出現在現場,當場吸引了好多創投界的年輕工作人員(我到現場才知道,原來台灣創投界還有這麼多女性),當時創投對Yooler的印象大約是,明星出錢,明星代言,後來Yooler推出的概念雖受好評,但後來轉往大陸、在2007年又特別低調,大家只記得那是「陳昭榮代言」的公司,從來不認為那是「陳

昭榮的公司」，直到……你和陳昭榮先生本人通過電話。

「我們想做搞笑短片界的Disney。」陳昭榮說。

這句話中的含蘊、策略之深，不只讓人對陳昭榮與Yooler完全改觀，也受他的啓發而對整個影音網路界有了新的認識。陳昭榮比喻，Disney當年是以內容提供者起家再慢慢的「整合通路」，現在已經上下打通，每部Disney的作品拍完，輕鬆的透過全世界60個國家的通路發散出去，形成龐大的娛樂帝國。

陳昭榮說他看Mr.6部落格已有一年多，觀察許久發現在現今已經漸漸成熟的網路界，唯有邁向以「整合現有通路」為主的商業模式才會成功。自行開站，要求大家「來來我的網站」的營運模式風險相對太高，因此，陳昭榮幫Yooler提出了一個策略，用內容（他稱為「原料」），逆向的去整合目前已經現有的短片影音平台如YouTube、手機、IPTV等等。Yooler的第一目標是「WEB + MOBILE」平台，因為這兩個是短片的第一通路，而IPTV由於會跟電視內容競爭，所以Yooler只會留在第二步，並只單純鎖定適合播放短片的。

其實這樣的「CP（content provider）為大」的概念早已有廠商在做，但陳昭榮認為，關鍵在於選題（搞笑短片），然後將這個CP製作流程也跟著標準化，愈標準化就愈有成本與品質

上的優勢。而這正是Yooler這次所費心思掌握的關鍵，背後的團隊已組成一個快速製作的路徑，一個月發彈兩次，一次12片，等於每天都要製作一片以上。Yooler只有11個人，怎麼做到的？陳昭榮將Yooler公司內部分成三個部門，分別負責內容製作的上上上游、上上游、和上游。首先是「藝人經紀部」，負責找新的美女與諧星，然後丟給「節目部」（數位內容事業部）做成一片片的短片，最後丟給「資訊管理部」，負責對各種頻道將這些爆笑內容發散出去，雖然不強調自身網站，但這「資訊管理部」仍有兩位專職寫ASP.NET程式，維持一個自製平台的機動彈性。陳昭榮要求他的搞笑短片量產團隊注意時間、壓低成本，「十支中只有五支好笑，就是成功！」

於是，陳昭榮表示，這樣run下來，慢慢磨精了這套標準化流程，每部短片的成本Yooler可壓在大約台幣兩萬左右，和別人有兩倍以上的差距。他們用幾十萬的三台HD數位攝影機，一個小小的數位攝影棚，後置上也特別為網路與手機考量，影片中使用超大的字幕，很大的字型，幾乎每句話都有字幕，卻不會打擾。一般電視製作公司根本無法拿現有內容與Yooler競爭，除非他們全部重拍！因此才推出不久就已引來業界一些注目。手機許多SP都只有一個空架，網站如YouTube亦然，看到Yooler手上有這些內容、這些「原料」，可以固定大量提供搞笑短片，有幾家已經跑來與Yooler談內容代理。但陳昭榮考量到目前處於打品牌階段，慎選合作伙伴，未來慢慢放出代理權給通路商。我認為，陳昭榮講的「倉庫」概念尤其非常有趣，使用者是無法累積的，他們說走就走，但影片可以累積，而且和出版社、製作公司甚至IC

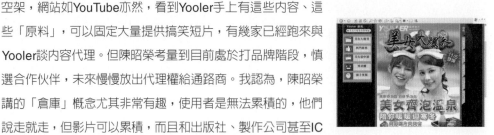

設計大廠不同，Yooler專司搞笑短片，這些內容並不是「一代拳王」，也不求哪片真的世界暢銷，但到最後，有價值的是這個超大「搞笑短片倉庫」，以及這套流程。流程會愈來愈便宜，品質愈來愈好，價錢卻是愈來愈高（因為庫藏愈來愈多，品質也愈來愈好），其他競爭者進入門檻也愈來愈高。

而，出身演藝圈的陳昭榮，竟然對網路有這麼全盤的思考與想法，著實嚇到人，有點和他的螢幕的演員形象「接不起來」。陳昭榮表示，這些事情，演藝圈傾向較為「膚淺」。「聽不懂的。」陳昭榮說。

其實早在2000年，陳昭榮就開始看網路，心癢癢，不過沒有投資（還好沒有投資），直到2004年，圈內好友葉全真在談話中透露，她有一個網站創業點子，想開一個「旅遊網站」，做出一些標準的行程賣錢，陳昭榮勸，那個行業，還要掌握在別人手中，還是影音這塊，他們才有優勢！有了創業伙伴，再找另外兩位投資人，四個股東就和一般的網路創業家一樣，出來自己搞起了Yooler。

如今，Yooler並不急著增資，計畫在2009年度再找好的策略投資人，增資到8000 ～ 12000萬，目前Yooler已經開始收入，光一個台哥大電信通路下載一天就200 ～ 300次，第三季亦將完成四家電信的通路。創投投資新創公司，往往是在投資創業家這個「人」，陳昭榮這位創業家，我覺得是很好的合作對象。

另外，Yooler的策略當然也促進了其他創業家思考一下，陳昭榮專司搞笑短片，那，還有哪些content，尤其是非視頻影音的，還可以打向其他通路？與陳昭榮一談後，幾天下來我還在查資料、思考這問題，隱約在山洞的另一端，看到所有內容媒體的一個共同未來。

# Everywhere
## 8020出版第2本網友集結的紙本雜誌

by Mr. 6 on March 24th, 2008,
**目前有 5 則留言,**
view blog reactions

所有的媒體人、網路人、或想搞網路媒體、想搞媒體網路化、或媒體2.0的人士們,2008年三月都專注著一則很值得密切注意的消息,因為舊金山出版公司8020 Publishing,成功的推出它的第二本雜誌《Everywhere》的第二期。8020是一間打算以創意來結合網路與實體出版的公司,當它出第一本雜誌時,我們不會特別注意,但出到第二本,就值得注意了;而這第二本雜誌的創刊號,應只是試啼聲,沒啥了不起,當它出到了第二本的第二期呢?應該又是有些收穫了!

8020的點子很簡單。一般我們都覺得,該是將線下的實體紙本雜誌,移到線上的時候了?但雜誌來到線上,他們的競爭者,都是一些不拿任何薪水的瘋狂寫手,部落客啦,或把部落格文章貼到專欄的作家啦,這時候,再偉大的雜誌也要和其他小雜誌、小作家比題目。於是,8020便想到,如果把這些瘋狂的網路自由作家的作品,反過來印成紙本雜誌呢?如果將成本降低,售價提高,只打小眾市場呢?讓雜誌的製作流程盡量自動化,中間有一套網站系統,幫忙收集「投稿」

jpgmag.com
everywheremag.com
8020media.com

的資料？

　沒錯，這就是8020正在做的事。它的第一本雜誌叫《JPG》，是一本全圖片的雜誌，圖片是由網友所貢獻的，投稿程序就是先上載，大家評分，最後由雜誌主編選片，就可以上架了。而第二本《Everywhere》，是8020首次嘗試將線上的「文字」摘下來作雜誌，主題是大家最愛寫的「旅遊」。這個Everywhere網站平常就讓人在上面隨意寫作，基本上好像一個公開的部落格平台一樣，寫作者大多是背包客，和幫Lonely Planet寫的感覺應該又有不同。以《JPG》雜誌的經驗，雖然稿酬如此低，但每個月依然有2萬篇左右的投稿作品。

　收費模式？一般人想訂閱一整年紙本的雜誌，得花24.99美元。如果在書店單本購買，一本是5.99美元。以之前《JPG》雜誌的經驗，一次發行量差不多2萬3千本（不多），但網站自身也有50萬名每月不重複使用者。不過，8020目前從頭到尾也只有14名員工，就可以出兩本月刊雜誌，我想若再出第三本，應該也只要加個兩、三位即可。這間公司只要繼續出雜誌，繼續複製這樣的模式在其他領域，在marginal cost不高的情況下，直到了經濟規模，就可以開始賺錢。等到它的人數到了目前雜誌社的人數，我想它應該已經吃下整個書店的一大塊書架了。

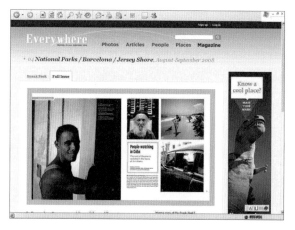

8020打通的，等於又是另一條通路了，這通路是「通往平民創作者的通路」。8020率先創造這樣的線上投稿系統，只要你上去，直接先簽約，雜誌方面隨時可以選擇出版，出版就付錢給你。8020這個品牌，就這樣深植在創作者心裡，也成為他們「發表作品的不二選擇」。對於亞洲媒體來說，這或許是可以深思的新模式。

# 報社「精簡」動作中的「增加」
## 「社區」、「教育」、「社會」、「體育」是重點

by Mr. 6 on July 22nd, 2008,
**目前有 7 則留言,**
view blog reactions

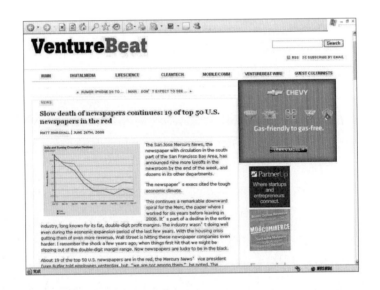

　　2008年六月中時集團的人員大縮編,引起新聞界、文化界一片討論,但研究機構Pew Research Center訪問了幾百個報社的主編,整理出一則最新的訪問研究報告,讓我們一窺美國報業目前的狀況。研究報告指出,發行量超過10萬份的「大報」,有85%在過去三年曾經砍過人,而「小報」則有52%曾經砍過人,這或許表示大報受衝擊較嚴重,也表示報社規模已不宜過大。但這些砍了人的報社,卻也因為受到網路的衝擊下,其中高達42%的日報社已加入其他時間截稿的編制,以確定全日都有新的新聞「上線」。

　　對網路如此努力的經營,這些報社目前卻依然唉聲嘆氣,仍然只有不到10%的營收來自網站,結果,美國最大的50個報社,有19個是虧損的狀況;有70%的報社表示,正「積極盡一切力量尋找新的獲利來源!」有些比較有錢的報業集團如英國的Guardian索性就買下PaidContent.org,肖想的不只是它每年僅100萬美元的廣告營收,而是與網路的連結。

nownews.com/2008/06/28/91-2296090.htm
journalism.org/node/11961
paidcontent.org

連結什麼？報社自己也不知道，倒是在內容的編制上，報社們出現了一些自然的變化。

研究報告指出，現在的美國報紙，已開始大幅降低以下幾種新聞的比例：第一種是「大新聞」，譬如國際新聞（有46%的報社降低）、國家新聞（有41%的報社降低）、商業新聞（有30%的報社降低）。第二種是「政治新聞」，包括州政府與地方政府的政治新聞（各有24%報社降低）；第三種是「副刊」，譬如生活版（28%降低）、電影與藝術（25%降低）。這些降低，許多也和人事縮編有關，或許和網路搶生意也有關。

有趣的是，報社不是一味精簡新聞，竟然有一些新聞，被報社提高了比例，以下幾種新聞竟然是增加比減少還多，包括「教育新聞」（36%的報社增加）、「社會新聞」（30%的報社增加）、「體育新聞」（30%的報社增加）。更有62%的報紙增加了「社區新聞」。

換句話說，整個美國報業，現在正積極的往「地區性新聞」著手，這點應該是自然的現象，瞧，那些通訊社發的新聞稿直接上入口網站閱讀即可，評論也在網路上四處都可讀到，報社和網路相比，最大強項就是「自己有記者」，美國報社派出自己的記者，去跑那些local的新聞。

有趣的是，據報載，中時集團這次裁員，第一個縮編的單位好像是「地方中心」，所有的「地方版」可能都會被裁徹掉，改為只專注在一些「大新聞」甚至深度題材，改走菁英路線——

這點，和美國報社的選擇，呈現「恰恰相反」的方向？

報紙最終還是在「每日流水內容」而非「深度評論」，而這麼幾千萬人，每天不同的事情發生著，不同的水在流著，全部都是機會。民眾打開電視，每天的主題不超過五個，早已厭煩，這似乎是報紙的挑戰，也是報紙的機會。

# 提供全世界所有公司的薪水資料
## Glassdoor

by Mr. 6 on June 12th, 2008,
**目前有 15 則留言,**
2 blog reactions

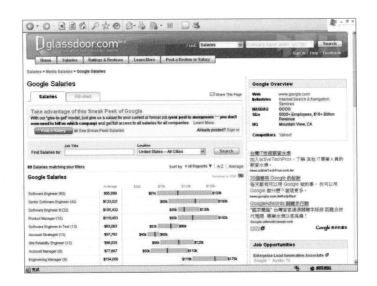

　　2008年六月,有個新創網站Glassdoor開幕,它的願景,是提供全世界所有公司的薪水資料,給所有正在找工作的人作參考!經過了一年的收集,目前Glassdoor的「肚子」裡已經有250間公司的薪資資訊,共有3300位各職位的員工披露他們的薪資機密。

　　注意,Glassdoor不只是讓大家看Google工程師薪水多高,這沒什麼意思,說不定問一問就有了。對一個大學畢業生或中期求職者來說,Google、Yahoo!、微軟,只是眾多選項中的其中幾個,他還要考慮好多其他公司,譬如張三企業、李四科技、趙五資訊……這些公司,可能總人數在40～100人之間,卻沒人知道裡面的薪水應該是如何?那,我可否先知道一下,好談談我的薪水,也知道我處在哪裡?Glassdoor認為,假如這個網站可以「挖」到人力銀行的一小部份的使用者,讓他們除了找工作,也順便到Glassdoor查一下咦這裡的薪水是多少?公司怎麼樣?那,Glassdoor就會是一個很熱鬧的網站了。而像Glassdoor這種網站打破薪資秘密,企業人資部門

glassdoor.com
voofox.com/products_n.html

想必相當排斥！而企業人資部門，正是人力銀行的主要客戶，所以，Glassdoor肯定不是由人力銀行來創辦，也因此它可以享有一段「清靜期」，直到失敗或成功。

這些資料只是初步而已，更有趣的是，Glassdoor未來要怎麼完成它的願景，伸進每間公司的內部去？

網民取資訊，但卻非常吝於「給」資訊。有的是龜毛怕被追蹤，有的是懶得從腦中想出那個數字好好鍵入，有的是認為反正網路上這麼多，不差我一個，所以就亂填一個「我一個月賺5元」，影響整個資料流。所以，要怎麼讓網民開始老老實實的寫？

Glassdoor的想法很簡單。它說，每個網民，都有一份薪水，所以每個網民都有一份資料。Glassdoor的規則很簡單——「有捨才有得」（give to get），你想得到別人的薪資資訊？沒問題，但是，你薪水多少？

先給出你自己的，接下來就可以免費取得。不給他，就算你願付錢他也不給你。Glassdoor打算對使用者永遠免費，以廣告方式來收費。

收費方式令人有點疑慮，不過，我喜歡Glassdoor的「誘出不公開資訊」的方式，因為我們也曾有同樣的想法。幾個月前我們開始做Project N，目前因技術卡住還生不出來，但先出了一個前端的Facebook Application，這個application就是在收集大家的數字，加強我們Project N主站的「Wisdom of Crowds」的部份。可看出，我們的引擎也是希望網友先鍵入數字，而且是要幾乎正確的數字，再予以回覆正確的答案，如果輸入的數字「差太多」，我們就不予回覆答案。

如何從使用者身上，把他們心中的「其它不公開資料」再挖出來，是接下來的另一機會。好奇心可以殺死一隻貓，也可以讓一個網友，乖乖的辦事，善用網友的好奇心，讓他貢獻他自己的私密，來換取其他人的私密，只要是沒有這麼緊要的私密，長久下來，應是可行的做法。

# Voice of the Summer Game
## 2008北京奧運＋2008互聯網

by Mr. 6 on July 23rd, 2008,
**目前有 2 則留言,**
view blog reactions

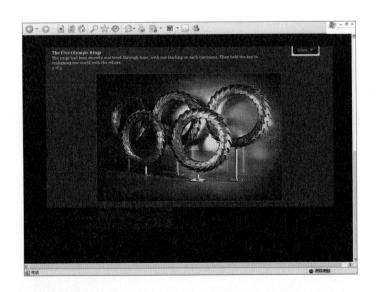

　　就在北京奧運之前，國際奧委會宣布，這次北京奧運期間，各國參賽的運動員將「被允許寫BLOG」，自己當自己的媒體。也謝謝國際奧委會這次的成全，大家才發現，2008夏天的北京奧運一過，博客界或許即將開啓一個新紀元。

　　從整個網路的角度來看，北京奧運發生在美國互聯網剛好「疑似」即將重整的階段，網站該賣的已經賣掉，剩下的有些流量到了瓶頸，獲利模式也尚還沒像許多其他網站摸出讓使用者乖乖以Freemium付費、或其他類似Google當年創造的全新廣告手法。所以許多人就在說，是否有機會在這個全球注目的時刻，為網路界帶來一些影響？但，除了社群網站如Facebook一些關於Olympics的應用程式，好像沒看到哪個網站真的衝著奧運而來的，反而是其他傳統贊助大廠如麥當勞為奧運搞了一個驚人的「The Lost Ring」全球線上遊戲，可口可樂也搭著全球共聚北京之風搞了一個「Design the World a Coke」。在美國網路界，彷彿沒有北京奧運這回事。

thelostring.com
coca-cola.com/template1/index.jsp?locale=en_US
summergames.lenovo.com/?language=en+es+fr+de+it+ja

　　但部落格，blog，或是類似型式的「發表系統」，這次北京奧運，肯定是要好好的發揮一筆了。這麼多人齊聚一堂，帶著twitter去，帶著plurk，帶著stickam，讓最新的照片塞滿Flickr，讓最新的影片塞滿YouTube……。各式各樣的發表平台，到今天剛好到了最頂峰，當各國的運動選手關門訓練好、準備搭機到北京的同時，網路上那些「愛發表的人」也準備好了！

　　比賽期間，肯定有許多「作品」會跑出來，就算只是一句twitter的哈拉，也比電視還好看！

　　除此之外，聯想Lenovo看準這一點，起了一個叫Voices of the Summer Games的行銷活動，找來14位來自各國的運動明星，許多來自一般較冷門的運動如划船、水上花式、摔角等，送他們一人一台筆記型電腦，和Google的Blogger平台合作讓他們自己開部落格，只要在邊欄置入「Lenovo 2008 Olympics Blogger」即可。他們有的原本都有自己的網站、自己的網誌，在國際奧委會的悉心保護下，這些傳統媒體如加拿大的CBC也樂於將部落格的消息嵌在一頁，讓大眾讀者收到不一樣的訊息。

　　同一個世界，同一個夢想，同時，還有百花齊放的發表。你說，網誌已經四處都是？錯，數字顯示，各國皆只有1%或甚至不到的人會固定在網誌發表，想像，北京奧運之後，假如再多個1%呢？

　　就是比現在多出整整一倍的網誌了！

# TC50 vs. DEMO
## 網路創業盛會同步擂台

by Mr. 6 on September 8th, 2008,
**目前有 6 則留言,**
6 blog reactions

　　2008年九月的矽谷的創業界,異常的熱鬧!因為,竟有120多間與網路相關的新創事業,即將「上台」。只是他們上的「台」是不同的台,其中70幾家將在9月7日至9日於南加州San Diego的DEMO Fall會場,50幾家則在9月8日至10於北加州舊金山市中心的TechCrunch50會場。是的,你沒看錯,這兩場大會選在同一時間、不同地點、同時舉辦!

　　為何要同時舉辦?因為他們兩方是競爭者。

　　這個樑子從去年初就開始,當TechCrunch的負責人Michael Arrington創TC40第一屆時,當時就直率的指出,DEMO根本就是一個「要付費才能上台的舞台」,這樣的做法,Michael用了一個很強烈的字來形容:「不道德」(unethical)!這樣的形容當然不很正確,因為據了解有些廠商是受DEMO看重而被特別邀請上台,旅費上台費全包,不必付DEMO一毛錢,但這個「次八卦」本身或許又會吸引更多理由去講DEMO的不是,畢竟為何有些人要付這麼多,有些人不付?我自己

demo.com
techcrunch50.com/2008/conference/

也認為「unethical」根本言之過重，商業體就是商業體，做網站做產品就是要賺錢，打著「付錢就是錯」來評論網路產業任何一個環節，都不是恰當的做法，除非它自己真的是NPO，不然任誰都難逃商業的影響。

但，不恰當歸不恰當，這泥巴戰術，正是最容易的吸睛術，Michael靠這個方式可以容易的切入，給DEMO第一記重擊，目前已經戰成「平手」。

首先來看看雙方前一年號稱的參加人數，據TC40的記錄，2007年他們一場就有1100位觀眾，其中800位真的付了2500美元的超昂貴門票費，單單門票一場就得250萬美元，還要加上贊助廠商等等。而DEMO這邊則有700位付費進入的觀眾，門票費為3000美元，若再有些網站公司真的付了18500美元搏一上台機會，賺得絕不比TC少。至少比目前來看，還沒有衰退的跡象。

那是2007年，但2008年的狀況呢？雖然矽谷的網路人大多都看好TC50，但矽谷的網路人不見得代表全部的網路。這點尤可從媒體參加狀況略知一二，據CNET的篇文章說，目前看起來，可確定的是DEMO已經贏得傳統媒體的青睞，高達100多間正式媒體會派人到聖地亞哥，其中《華爾街日報》等等據說只去DEMO，不去TC50。但是，TC50顯然吸引了更厲害的媒體——網路部落客們，五大部落客幾乎都以TC50為重心。當然，仍有媒體如CNET、Wired、BusinessWeek，會派兩組人馬出來。

最趣味的是，單看這些派兩組人馬的媒體就可以隱約察覺一般人對DEMO與TC50看法的差異。像BusinessWeek，就是派他們的電子媒體記者到TC50，紙本媒體記者則到DEMO。換句話說，服務年輕及重度網路使用者讀者的記者就到TC50，服務資深與輕度網路使用者讀者的就到DEMO。對他們來說，兩者都不錯，但兩者也都有缺點，DEMO 的缺點就是剛剛說它是付費上台，所以上台這些公司不一定是當年最棒的公司（窮網站可能就上不去了），而TC50的問題，則是它太TechCrunch個人風格，雖掛著「公平」的招牌，但仍被把持在幾個人與幾個組織的手上，誰死誰活，2008年還看不出來，得到2009年再來觀察。

# 「露出後遺症」
# 發生在所有部落客身上

by Mr. 6 on March 7th, 2008,
**目前有 26 則留言,**
2 blog reactions

2008年三月,我在台灣網路界喊出了一個許多部落客都會有的「露出後遺症」,引起相當大的迴響,說出了在2008年許多寫部落格的網民都體會到的奇特現象。

所謂「露出後遺症」,可以發生在所有部落客身上,一天幾萬人次的大部落客,一天不到100人次的迷你部落客。只要你定期寫文章,放在部落格上面,愈隨意愈會發生。

這個「露出後遺症」簡單來說,就是以下的狀況:

部落客和朋友吃飯。朋友說,「你的部落格很不錯喔!畫面做得很可愛!」

部落客笑笑。

朋友轉了話題,問,「那……上周末天氣這麼好,你們有沒有出去玩?」

部落客愣了一下。

「喔,有啊。」部落客停了兩秒,「你如果看我部落格的話,我最近這篇文章也有寫到,我和哈

尼一起到台中的農場玩捏陶，超好玩的⋯⋯嘰哩瓜啦⋯⋯嘰哩瓜啦⋯⋯。」

大部份的時候，這件事就這樣過去了，沒人覺得怎樣。但敏感一點的朋友，就會聽到了「那句話」，也就是部落客說「他文章裡也有寫到」的那句話，然後在心裡暗忖：

一、喂，你是在諷刺我明明都沒看部落格，還言不由衷的讚賞你的部落格嗎？

二、你這種語氣，很像老師叫學生要讀書耶。就算你寫得很精彩，老娘我平常忙得要死，沒時間天天到你的部落格檢查有沒有新文章吧？

三、靠，你真的以為你的部落格寫得這麼好嗎？其實你每天都講一樣的東西好無聊，要不是你是我的朋友，我才懶得留言打氣呢。

四、所以你的意思是說，想做你的朋友的話，以後一定要天天拜訪你的部落格，以防漏掉什麼資訊囉？你以為你是報紙啊？

這段對話，還有很多很多的「變種版」。譬如，和朋友用MSN聊到「上周末做什麼事」，部落客懶得打字解釋，索性直接貼一串「網址」，也就是他部落格文章網址給朋友看。朋友的感覺，不會好到哪裡去。而身為部落客的朋友也真的很辛苦，見面時都必須說，「哇，我都有看你的部落格喔！」卻要小心翼翼的處理之後的對話，以免「露餡」的出包狀況。

這種「露出後遺症」也處處出現其他的場合。譬如，部落客和一群人吃飯聊天，形容上周末到台中的農場參加捏陶活動，講到一半，坐在另一個角落的幾個人，已經開始拚命的點頭、點頭、點頭，「對，你的部落格有寫到。」但其他人的眼睛還是迷濛惘然一片。這時候，部落客就尷尬了。既然已開頭，就要把故事講完，但萬一講錯或忘記，那些讀過的人都知道。說實在話，這種氣氛有點怪怪的。而我自己在演講時，總會問「誰看過我的部落格」來感受一下現場，最怕碰到的就是「一半舉手、一半沒舉」，這種「五五波」讓你不知道該如何講得深，或講得淺。

當人類被轉變為部落客，開始「露出」，當一個部落客的朋友，真是愈來愈有壓力了。這不是大頭症，也不是自以為自己是名人什麼的，我們都知道我們沒什麼了不起，但我們就是止絕不了這些煩人要命的，「露出後遺症」。

# 「世界末日」和「Every Little Thing」
## 瑞士的大型強子對撞器啓動

by Mr. 6 on September 9th, 2008,
**目前有** 22 **則留言,**
2 blog reactions

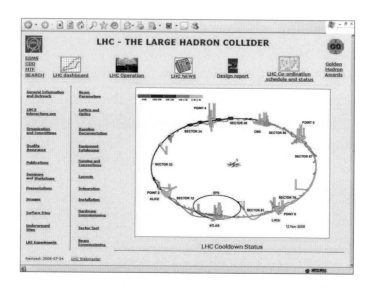

2008年九月出現一則攸關人類存亡的大新聞,位於瑞士日内瓦的「大型強子對撞器」(Large Hadron Collider、簡稱LHC),在歐洲時間9月10日開幕,這個大建築設備,是由34國超過兩千位物理學家所屬的大學與實驗室所共同出資合作興建,裡面最重要的設施就是圓周27公里的圓形隧道,因當地地形的緣故,必須建於地下50至150公尺之間,隧道本身直徑達三公尺,位於同一平面上,還貫穿了瑞士與法國邊境,大部份不是在瑞士而是位於法國。除了地底下的隧道,還有許多地面設施如冷卻壓縮機、通風設備、控制電機設備、冷凍槽等建在地面上。

這個實驗,由於造成一些分子的異動,據說「有可能造成世界末日」!因此,有歐洲科學家已向歐盟「提告」,說這個對撞器的威脅已經「危害到歐洲子民的人身安全」(嘩,危害得可真厲害)。也有人分析,美國是否會介入停止這項實驗?但他們說,就算美國介入也沒用,這個對撞器是「歐洲核子研究組織」(CERN)底下的,就像複製人實驗室,美國管不到。美國能做的只有召

回所有的美國科學家，但美國科學家一走，實驗照樣進行。

我滿腦子想的則是，9月10日，若真的是最後一天，那，今天要做什麼？

我不知道你會想做什麼，但，肯定不是會想「減肥」，儘管減肥這件事已經掛在心裡和嘴邊長達一兩個月之久，像烏雲罩頂，但現在這烏雲再厚也馬上煙消雲散了。

肯定也不會是想向某某人討回公道，向某某人證明自己很行。甚至，不會想去搭加勒比海郵輪，不會想去迪士尼樂園，也不會想到北海道泡溫泉。

如果明天就是世界末日，你很有可能，只想站起來。

倏地站起，看一看已經同夥十年的同事，他帶著莫名其妙的眼神看著你。

拿起電話，衝向門外，跑回家裡。回到家裡，看見自己喜歡的人。抱著她，摸摸他的小臉……。

買一瓶最愛喝的飲料，不是自己最愛，而是別人最愛的，給他們享受。

卻……得到很多的快樂。

這快樂，來自一種內心的幸福。電影裡面的美國大兵瀕死前要請同袍傳達的都是「告訴她，我愛她」。假如死神真的給了他15分鐘飛回去做這件事，他會得到一生中最滿足的15分鐘。

就算明天不是世界末日，我們也有可能有一天突然頹倒崩塌。

於是我相信「Every Little Thing論」（Every Little Thing原本是披頭四的歌曲），我們既然知道，最後的願望都是很小的、微不足道的事情，就可以為我們得到很多的快樂，與其把快樂押注在未來不見得會發生的某一件大事上，不如看準未來「一定會發生的」這個「世界末日」，即日起，體會身邊每一件「小事」。

偶爾出現像9月10日這種「危機」，就是我們對自己「Every Little Thing」的考驗。如果這時候，你覺得不會匆忙、不會有遺憾，因為平時已經很關照這些「小事」，不必急著再對對方說「我愛你」，不必再多摸摸誰的臉，那我們的人生，就到了一個「不會後悔」的境界。每一件小事都關照，並不會花掉所有時間，還是有很多時間可以去衝大事，如果可以做到「Every Little Thing」，那我們的一生，或許就不怕科學家怎麼搞鬼，或許也不怕命運之神怎麼操弄了。

# 政大未來事件交易所登上《Newsweek》Swarchy

by Mr. 6 on February 25th, 2008,
**目前有 3 則留言,**
view blog reactions

newsweek.com/id/114702
nccupm.wordpress.com
nccu.swarchy.org

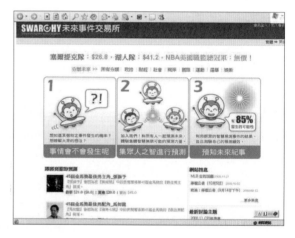

2008年二月,《Newsweek》報導了一篇〈免費的群眾智慧〉(*The Wisdom of Unpaid Crowd*),提到「預測市場」(prediction market)的厲害。所謂「預測市場」就是開放讓群眾購買「事件」,有的買A有的買B,隨著A與B事件發生的機率,A的價錢與B的價錢隨之漲跌。這整件事的目的不是「聚賭」,而是藉A價與B價來預測A與B的發生機率。文章說,歐洲的足球賽的比數,竟然都已經傳出以群眾智慧來猜「很準」。美國Iowa州的今年會不會出現嚴重的感冒大流行?竟然也可以靠群眾智慧來猜!

有趣的是,文章竟提到了台灣,提到一間「Center for Prediction Market」,我不確定是什麼,但在英文Google上面查,第四筆結果就是「政大預測市場研究中心」,而它指的預測市場平台應該就是未來事件交易所Swarchy。文章說,這個「預測市場研究中心」對2008年台灣選舉的預測,「正在被全球研究預測市場者『高度注目』(closely watched)」,文章說,他們之所以高度注目,是因為政大預測市場研究中心所玩的「預測市場」,顯然並不是讓人下真正金錢賭注。金錢賭注在台灣是被禁止的,因此大家只能玩虛擬金幣,老外都在看,「這樣還會準嗎?」目前我們可以看到,政大預測市場研究中心從2007年十一月開啓這個市場以來,已經做出了預測。而Newsweek文章最後一段更為讀者埋下一個「待續」,叫大家期待看看「他們會不會猜對」。言下之意,假如沒有金錢還「猜對」的話,這個「政大預測市場研究中心」在全球預測市場研究圈子會更有知名度。

# NowPublic併購Truemors
# 網路謠言與公民媒體

by Mr. 6 on July 11th, 2008,
**目前有 3 則留言,**
view blog reactions

nowpublic.com
truemors.nowpublic.com
valleywag.com

　　2008年六月,公民新聞媒體NowPublic竟然出手併購了專營「網路謠言」的Truemors,價錢不明朗。看看Truemors,其實就像這些ValleyWag這種八卦部落格沒兩樣,但Truemors的「競爭優勢」是,它開放讓大家去貼、讓大家去傳:

　　「讓大家去貼」:任何一人只要上Truemors,就可以馬上留言,你的「新聞」必須在350字以內。如果不方便留言,或是正好在路上看到?竟然還開放1-650-329-2020這支電話,讓你可以打電話留言在語音信箱,對於內容不要求,只提醒你要「一字一字講清楚」,都做到這樣了,當然也可以用傳簡訊的,還可寄email的。

　　「讓大家去傳」:任何一人上Truemors,只要輕輕的按下右下角的「spread」鈕,就可以將這件事傳到del.icio.us、Digg、Facebook、reddit、StumbleUpon或是送給任何一堆email住址。

　　換句話說,Truemors讓大家「造謠零門檻,傳謠也零門檻」。所謂「人言可畏」,網路世代,「網言」更可畏,網路上什麼人都有,什麼個性的人都有,什麼背景的人都有,通通在這裡以一張人模人樣的照片(我還只有一顆眼睛),一個聽似嚇人的筆名,在這裡與所有其他人「平起平坐」,所以謠言是不必分層次的,不必分文化的,反正大家都藏在後台,樂於在前台發送令他們爽的看法。我想,這件事對許多部落客都有切痛的感受,也都學會了以「忍」為上策。有趣的是,Truemors這個站的取名,恰恰就如同網路謠言,反假為真,作賊的先喊捉賊,它的取名「Truemors」竟是「True Rumors」的意思。這個網站掀起極大爭議。

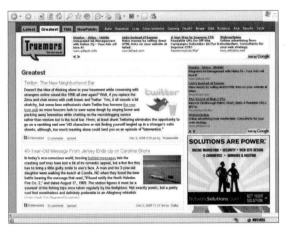

# Mixx流量爆三倍
# 如何擄獲輕度使用者的3個奇招

by Mr. 6 on  October 10th, 2008,
**目前有 5 則留言,**
view blog reactions

mixx.com

　　推文網站Mixx突然在2008年十月傳出「爆量成長」，Mixx在五月時，單月不重複拜訪人口只有100萬人，到了十月已經成長了三倍，來到了400萬人的月不重複拜訪人口！Mixx所做的關鍵成功決策如下：

　　一、群組不重要，要讓群組變成共同努力的「team」才重要：這幾個月來和Mixx的流量爆升同時發生的唯一一個和聚眾有關係的新功能就是「Mixx Communities」，它和這次的成功，一定脫不了關係。Mixx Communities其實就是一般網站都會先做進去的「群組」功能，大家對某種文章有興趣，就加入同一個群組，大家一起找來這種文章、推這種文章、在裡面交流。

　　二、不要對一般輕度使用者「亂開玩笑」：剛開始的時候，Mixx竟然給你一個訊息：「停！想要走下一步，請留下你的身份證！」這句話原本是學夜店門口那些檢查ID的彪型大漢的，是一句幽默的話，但「很難笑」，Mixx這次流量爆升，有可能也是因為移除了這個不當的「爛笑話」。

　　三、「中型線上媒體」或許也是很棒的策略投資人：Mixx得到洛杉磯時報投資，洛杉磯時報顯然為它牽到了剩下其他的同業，洛杉磯時報雖然並不是Yahoo!，也沒有AOL這麼大，也一輩子可能無法也無意買下Mixx，但，它的最大價值，是在它在媒體業界的夥伴合作關係。所以，新創的Web 2.0網站，或許也可積極的與Web 1.0老網站們多交交朋友，不必找太大的，找中型的、小型的就好，也許他們可以為我們帶來一些意外的驚喜。

# 用Twitter報喪禮
## 新爭議

by Mr. 6 on September 15th, 2008,
**目前有 11 則留言,**
view blog reactions

abcnews.go.com/Technology/
Story?id=5790930&page=1

2008年九月，在網路界視為「荒涼地區」的美國中部突然掀大波，因為丹佛市的「洛磯山脈新聞」有位記者叫Berny Morson，在周末參加了一位三歲男童的喪禮。這位三歲男童名叫Marten Kudlis，在「31冰淇淋」店內被一輛失控衝入的卡車當場撞死，引起當地居民的哀傷，這位記者參加了這場哀悽的喪禮，原本只要在喪禮後隔天寫一篇報導即可，但他卻選擇同時也利用「新媒體」，在當場使用Twitter「報導」這場喪禮的狀況！

我們看過許多Twitter訊息是在實況轉播「活動」，譬如「主持人上台了」、「抽獎開始了」；也有實況轉播自己的旅行，譬如「抵達餐廳了」、「到加油站開始加油」，但這位記者寫的卻是：

「人們開始觀看遺體。」

「棺木下降。」

這下不得了了，引起衝天爭議！

一開始從幾個部落客提起，後來罵聲如滾雪球，當周周末上了ABC新聞。矽谷的部落客站出來，好像在搖搖他們的食指，儼然是以「新媒體大老」之尊，與這位「偏遠地區」的記者說，「No No NO，我的寶貝，新媒體不是這樣搞的！」如Silicon Alley Insider就不客氣的說，「我知道你們的產業要完蛋了，但這不是正確的解決方法。」ValleyWag則分析，這位記者寫推特的方法不對，把它「寫low了」，因為在一場喪禮中他本來就不應該寫「每個動作」，顯得很輕浮、很不尊重，哀傷的事拿來當玩笑！看來這類的爭議，永遠難以真正解決。

# 因為有這樣的博客
# 所以我不想被稱為博客

by Mr. 6 on May 23rd, 2008,
**目前有 38 則留言,**
2 blog reactions

fragranceprince.blogspot.com

2008年三月某日,新加坡傳出一則新聞,警方於周二逮捕了一名24歲的新加坡華裔男子,因為這傢伙在他的個人部落格裡提到「種族歧視」的言論,提到在地鐵碰到一個少數族裔的男子,並拍了照片,用了極歧視的用詞來揶揄他。據新加坡法律,任何「有意傷害到他人的宗教與種族感受的言論,將可被處以三年以上有期徒刑與易科罰金」。

這個被星國政府逮捕的部落客名叫Franco,網誌架在Blogger,使用者名是「FragrancePrince」,據說這傢伙曾在部落格上與他的「讀者」道歉:「親愛的讀者,我希望在此鄭重為我文章帶來的任何錯誤解讀感到抱歉。我為那篇文章提到的東西感到懊悔,我沒想到會變成這樣。我應該更小心一點(mindful)。」

這個道歉實在沒誠意,令人不禁想到一句話,「抓了一個我,還有千千萬萬個我」——還有千千萬萬個其他的部落客,在網路發表著他們自己的意見,有些甚至已經涉及商業利益、人身攻擊,他們或許已經造成一些值得被告、被抓去關的傷害程度了。無意的錯可以被原諒,但是像這位新加坡部落客根本就是蓄意、事後似乎也無「悔意」的人呢?卻因為「無法可管」,以致於社會只能「自行判斷」,然後用其他的土法方式來「管制」。其中之一,就是社會常用的,「把你們看做同一堆」。

曾經,「blogger」是一個頗崇高的(noble)的稱號,它代表一些不經意的寫作分享記錄,而今天它卻漸漸成了「某一種人」的代稱,2008年起,有些人聽到部落客開始會「眉頭一皺」,而這則發生的新加坡的新聞,正是2008年全球部落格趨勢不可忽視的一則重要事件。

# Crowd Fusion成立
# 部落格行銷再次向技術靠攏？

by Mr. 6 on  October 1st, 2008,
**目前有 3 則留言,**
view blog reactions

crowdfusion.com
Obssessable.com

2008年十月，一間新的部落格媒體公司Crowd Fusion開幕了！所謂「部落格媒體公司」，就是開一批新的內容網站，然而它不自己養記者，也不向他人買新聞，而是請來部落客幫他們寫部落格，好多人一起共用一個平台，一起共筆寫部落格。

重點是，Crowd Fusion它打算完全自製自己的部落格平台，並且刻意的為這個部落格平台，加入一些前所未有的技術，以技術來提高他們這個部落格公司的競爭力，這，才是大家很期待的！連RWW自己是部落格的也感嘆：「我們無法控制自己心中對這個新部落格平台的羨慕與嫉妒！」

譬如其中一個技術，是一個內裝的RSS閱讀器，幫助他們旗下部落客，可以共同訂閱相關文章，可以一同收集所有關於某一個偶像團體，某一個名人，或某一個事件的所有新聞，這樣一來，部落客要引用、要提供延伸閱讀都很方便。另一個技術則是讓每一篇文章，都有幾層「權限」，這樣一來，部落客可以共同寫一篇文章，有的負責寫，有的負責放照片……等等。

他們今年打算陸續開七個部落格，其中的第一個部落格「Obsessable.com」已經問世，這個部落格便有其中一技術叫「Comparator」，讓他們能夠一次呈現更多3C產品必要的「比較資料」，譬如：八款低價的傻瓜相機（而另一張比較表則又將Google第一支Android手機T-Mobile G1與其它比較），果然讓所有看到的人無法控制自己心中對這個新部落格平台的羨慕與嫉妒！

# 更多的紅話題 more Topics....

2008年，台灣各大部落格提供者愈來愈朝社群化發展，但礙於「Blog」的天限，依然和美國、日本、韓國其他地方「一格一格」的正統社群網站不太一樣。以致於到了今天，台灣依然未出現和其他地方一樣的成功社群網站。

或許，台灣不一定要有Facebook，但台灣專攻校園的社群網站Meeya，在開站兩個月後，繼續勇敢的逆風前進，於2008年3月宣布再次推出新版！新版除了新的大首頁，讓使用者在未加入會員的情況下即可搜尋好友，另外還新添「小日誌」，「相片排序」等功能，並開放「高中區」讓高中生可不必經過e-mail認證等等。

這校園策略，其實很適合台灣的特色。Meeya走進一間又一間的大學，一個個系所慢慢打，讓他們成立自己的「圈子」（就是Facebook的network），每個圈子若能自然成長，就搞定了。而他們一邊打這些「圈子」，一邊還慢慢養出了另一絕招。之前，Meeya常說勤跑校園是為了「深耕校園的能量」，但所謂能量大概就是交朋友及認識認識而已，下一步呢？他們現在學會了「配合活動」的藝術，專挑校園內的大活動，參與其中，並發揚Meeya最專長的地方──「做網站」！

有一個網站叫Genietown，好像有意挑戰「服務產業的eBay」這塊。所謂的「genie」就是此網站對於「服務提供商」的雅稱，因為服務提供商這種東西本來就不容易解釋，修水電的、送快遞的叫「服務提供商」尚可，但理髮店、餐廳、公車司機也都叫「服務提供商」。

為什麼這個網站值得一書？看看老外做的企業官網，常在首頁的「menu bar」看到兩個項目被放在一起：「Products」和「Services」。Products就是這間公司的產品，也就是它所製造的實際物體（軟體也算），而Services就是服務，通常是跟著這個產品的安裝或售後服務，或是此產品產業相關服務。這兩個擺在一起，表示「產品」和「服務」都是大、中、小企業最常創造的價值。

Instant Domain Search（這裡簡稱IDS）做的是讓大家可以輸入「域名」，看看這個域名是不是還有，還是已經被拿走？你去試試看就會發現，它可能是我們使用過「最好用」的域名搜尋機！

一邊敲字，IDS一邊就會告訴你，這個域名有沒有人佔用了？它顯然是用AJAX的方式，每敲一個字，它就用JavaScript偵測到keydown，傳一個給伺服機，叫它看看有沒有，有的話馬上傳回該瀏覽視窗。你說，這教我們什麼？Well，看它目前只有支援「.com」、「.net」和「.org」，美國網友也只care這幾種。或許亞洲創業家可以做出其他的？不過不只這個，IDS的做法教我們一個更重要的2008 ～ 2009年網路創業的不錯的捷徑。

讀過《海星與蜘蛛》這本書的讀者，就知道海星是形容現代軟體以分散式架構處理，各自分散，獨立作業，伸入各角落。但如果這隻「海星」也可以大量製造，然後每一隻量產出來的海星皆透過其他生物混種，生下更多隻腳的新海星呢？

不久前，一位創業家剛剛推出一個新的 Facebook應用軟體「CaraQ AniPoke」，雖然現在Facebook已經有各式各樣的「poke」，但創業家表示AniPoke可是「Facebook上第一個『動畫型』（animation）的poke！」使用者可以在兩組造型中選擇，然後選擇要「愛」、「不愛」、「大便」等40組動作。創業家說，這個應用程式是2007年十二月底的構想，1月中才開始開發，為了趕著在西洋情人節推出，2月13日晚上就大功告成。開發人員包括一位工程師，外加一位美術設計做數據、界面規劃。

重要的是，創業家表示，本來應該10天內就可以開發出來的。由於這是他們第一次做Facebook應用程式，所以花一些時間在技術文件的閱讀上，以及克服Facebook限定的一些技術上的問題。後來他們發現，Facebook為何都沒有會動的動畫，是有原因的。Gif動畫一旦嵌入Facebook，就會被轉成只能顯示第一個frame的靜態圖片，如果想以Flash動畫來做，又發現Facebook不允許「自動播放」，用戶必須點擊「play」才能開始播放。為了符合使用者習慣，他們逐設計了一個小信封，來代替「play」鈕，就有想點擊打開的慾望。他們在設計上顯然有把握住Facebook應用程式的特色，這點我也聽矽谷某位已做出總和高達五百萬人數的Facebook應用程式的創業家說過，那就是在Facebook上面，操作流程一定要盡量簡易，最好在幾個滑鼠動作之後就「玩完」，不要動到鍵盤。

CancerSupportNet.com，是一個給癌症病患與家人的社群網站，它提供的「社群元素」包括個人檔案、文章、聊天室、即時一對一問答、好友名單等等，可說是最普通的社群網站。不過此網站顯然並沒有讓人想用，已經上了RedHerring，卻只吸引到26位註冊會員。我順便看看文章提到的其他類似網站，DailyStrength算是比較大的，目前共有五百個「support group」，許多是社工或病人一同組成的幫忙小組，依疾病分類；這個網站被許多人看好，以流水號來看也有19萬名註冊會員，從首頁可看到會員間的互動，每分鐘都有至少十幾個人給對方鼓勵關懷的「擁抱」（hug）。另外一個競爭者CarePages則採完全封閉制，個人首頁必須登入才能看到，也將關懷從病患延伸到軍隊，譬如讓網友送黃絲帶給受傷官兵的就已經有500位申請；另外還有PatientsLikeMe，從少數幾種病症（巴金氏症、多發性硬化等）著手，每一症都已有700位以上的病患加入。另外還有MyCancerPlace，版型和MySpace相當類似，但目前只有430位會員；幫癌症病患約會交友的CancerMatch也才180位會員左右而已。另外包括American Cancer Society的「Cancer Survivors Network」也有自己的社群系統。

美國最紅的社群網站Facebook於2008年6月底宣佈，即將為佔最重要版面的「朋友動態資訊區」（minifeed），開放留言！也就是說，今天你看到「劉喬治和王飛現在變成了好朋友」，你可以馬上對這則minifeed留言：「哇，劉喬治，王飛是我以前的高中同學哩！世界真小！」這不是普通的新功能。這是網路上又一個新玩法。

Facebook使用者應該已看到這件事的前兆。開Facebook會注意到，個人首頁右邊的「minifeed」部份，被宣布「再也不能關上」，也就是說，每個人都被強迫看其它人的minifeed。然後Facebook也宣布一口氣加入YouTube、StumbleUpon、Hulu、Pandora、Last.fm、Google Reader等「外站」的朋友使用動態，變成minifeed，一改Facebook一貫以來的「關起門來自己做」的態度。

你在納悶，Facebook是從log資料發現現在的minifeed點擊率愈來愈低嗎？他們到底在計畫什麼？自從2006年第三季 Facebook推出newsfeed相關的「動態資訊」功能，告訴朋友們最近你朋友在線上幹了什麼事，雖招來七十萬大學生的抗議，卻讓它的社群黏性更強，整個站變得更好玩，會員數從一千多萬人，突然再次爆衝增加。如果說有一個自站小功能是對的，那newsfeed、minifeed就是Facebook的關鍵起飛的甜蜜點之一。當Facebook起飛後，每個社群網站，也都很「不要臉」的盡快的學了這個新功能，每個站都有「朋友動態資訊」。

現在，Facebook在這麼重要的東西上面加入「留言」，代表網路上的又一個大趨勢。這趨勢已經從今年爆紅的「Friendfeed」身上得到了證明。Friendfeed就是將朋友的動態資訊送給你看，你看到以後，可以隨意的下comment，現在Facebook只是把它學了起來。

這是一個很重要的網站新玩法，而且是確定成功的新做法，因為它是，「先自動產生、再策動產生」的Web 2.0架站方式。

一個Web 2.0網站，「人」是最大的資產，因為大家都是因為朋友在裡面所以繼續在裡面。網站方面想操作這些「人」讓整個站更好玩，不外就是兩種東西：一、「策動這些人，主動給資料」，讓他們欣喜的寫文、留言、上圖、上影片。二、分析這些人在站內的動作，「自動產生資料」，讓他們多點東西可看可玩。

譬如，Mybloglog就是玩「自動產生」的資料，使用者只要到某地方拜訪，就留下他的大頭圖，使用者不必寫文、不必上圖、什麼都不必，就靠網站在那邊自動產生資料就很好玩。而twitter則是玩「策動產生」的資料，使用者在裡面寫東西、和朋友打屁。而，比較複雜的部落格平台（BSP）則是混合式的，主要是「策動產生」的部落格文章資料，但也有些「自動產生」的資料，如今天多少人來看、人氣多少、甚至有推有埋的，讓那些部落客本身自己回來多玩玩。現在，Facebook和Friendfeed帶來另一種方式。

「先自動產生，再策動產生」大有可為。Web 2.0無法請每一個使用者都上傳圖片，用I幣、K幣、B幣、Z幣來鼓勵又很老套，若是用這些「minifeed」來產生就容易多了。從使用者身上萃取出一些有趣的「自動資料」，可以多到數不盡，資料愈多，留言就愈多。網站再也不必擔心如何讓使用者更主動去留言。大家的留言量，說不定會因此加倍，Web 2.0的「供賞比」也會加倍，出現其他新的玩法。所以，還有什麼點子，可以「先自動產生、再策動產生」？

悟空科技，原本做線上遊戲，為了全球佈局，總部設在香港。員工則以台灣與大陸為主，台灣的「分公司」負責策劃美術，大陸的「分公司」則負責程式開發與測試，另外在法國、日本、加拿大、美國都有請兼職或全職人員，創辦人本身也通曉法語、日語、英語。所有的產品隨時都有五個語言版本，隨著瀏覽器的語系變化，希望能做出適合全球市場使用的產品，每次更新，都是五種語言同步更新。有趣的是，悟空科技這些核心技術與商品定位，也是一步一步調整步調而過來的。公司一開始推出的產品之一，是當初頗受看好的奶糖Online，以「方塊人」為單位，使用者可以布置自己的空間，一群「方塊人」在一個空間中遊走。於2007年7月進一步推出「CaraQ」，提供各種CaraQ小工具例如「Avatar Maker」，轉而讓用戶自行轉貼在子站。

策略改變後，創業家的感想是，現在的使用者都會去「挑內容」，選自己喜歡的工具組合來用，比如說搜尋用 Google，語音電話用Skype，社群用Facebook，聊天用MSN……。這樣的情況下，與其做一個新網站來改變使用者的喜好，或許拿著一個「核心」去大量與其他人合作，大量的量產海星。最酷的是，只要合約談好，等到使用人數多了以後，雖然東合作一個、西合作一個，但同樣的使用者卻可以在底下串連成一個大社群。創業家比喻，這是「用一種『潛伏』的狀態在經營公仔用戶」。下一步，他們更打算進行一種虛擬空間的開發，使用Skype 以及P2P的技術，讓每個使用者不只能玩虛擬公仔，還有「空間」可以玩，在同一空間裡面的用戶還能透過Skype語音聊天，同樣也希望能夠與各社群網站介接。

Hermes 12

# 網路紅事件——Mr.6 的2009年度報告

作者：劉威麟
責任編輯：李佳姍
封面及美術設計：張士勇
內頁編排：楊雯卉
法律顧問：全理法律事務所董安丹律師
出版者：英屬蓋曼群島商網路與書股份有限公司台灣分公司
台北市10550南京東路四段25號11樓
TEL：886-2-25467799 FAX：886-2-25452951
Email：help@netandbooks.com
http://www.netandbooks.com

發行：大塊文化出版股份有限公司
台北市10550南京東路四段25號11樓
TEL：886-2-87123898 FAX：886-2-87123897
讀者服務專線：0800-006689
email：locus@locuspublishing.com
http://www.locuspublishing.com
郵撥帳號：18955675
戶名：大塊文化出版股份有限公司

總經銷：大和書報圖書股份有限公司
地址：台北縣新莊市五工五路2號
TEL：886-2-89902588 FAX：886-2-22901658
製版：瑞豐實業股份有限公司

初版一刷：2009年1月
定價：新台幣280元
ISBN：978-986-6841-33-0

國家圖書館出版品預行編目資料

網路紅事件：Mr.6的2009年度報告／劉威麟著

.－－初版.－－臺北市：網路與書出版：大

塊文化發行，2009.1

　　面；　公分.－－（Hermes；12）

ISBN 978-986-6841-33-0（平裝）

1.網際網路

312.1653　　　　　　　　　　7022179